不一样的世界 不一样的葡萄酒

走进新世界葡萄酒

日本主妇之友社 编著
王美玲 译

辽宁科学技术出版社
· 沈阳 ·

探寻新世界葡萄酒的魅力

提到葡萄酒，您是否马上会联想到法国的景象呢？其实，如果您对葡萄酒相关知识有所了解的话，就会发现提到法国葡萄酒的时候，多按照国家差异、地域差异、葡萄田特征等进行阐释。然而，关于“新世界”葡萄酒的教科书，却大多只是按照国家特征来描述，更完善一些，也只是按照地区特征来进行描述。

16年前，我有幸品尝到了新世界葡萄酒的象征——加利福尼亚葡萄酒，而那时在日本人心中，加利福尼亚葡萄酒就是一种低档次的葡萄酒。在一次由葡萄酒学校举行的挡住酒标进行试尝法国高级葡萄酒和加利福尼亚葡萄酒的活动中，全体参与者均对加利福尼亚葡萄酒做出了高度评价，而我本人也感受到了一种与法国高级葡萄酒完全不同的震撼。其实，此类事情不仅在这次活动上发生过，本书正文中也会介绍到——1976年在巴黎曾发生过类似的事情，也正是从那时起，加利福尼亚葡萄酒的评价上升到了世界级水平。品尝了加利福尼亚葡萄酒后，我又品尝到了澳大利亚、智利、南非等新世界葡萄酒，在此过程中，我深深地被新世界葡萄酒的实力以及魅力所征服。而且，我还注意到，各国的葡萄酒，虽然看上去与法国葡萄酒很相似，可实际上却因为国家、地域、土壤等因素的不同而具有多样性。

遗憾的是，日本国内基本上还没有此类特征的相关介绍。葡萄酒是伴随着法式西餐，伴随着法国文化进入日本的。本人希望能够以主编此书为契机，为大家好好介绍一下新世界葡萄酒的魅力。我在查阅新世界葡萄酒相关知识的过程中，越发觉得其实每个国家都有着悠久的葡萄酒历史，甚至犹豫将它们称为“新世界”是否不妥。由衷希望通过此书，让法国之外国家的葡萄酒能够得以进一步普及，让“葡萄酒不分国度和产地，一切皆凭酿造者的热情”的时代能够尽快到来。

种本祐子

目录 CONTENTS

United States of America

美国

Australia

澳大利亚与新西兰

New Zealand

南美·南非·其他

Chile

Argentine

South Africa

※本书中介绍的葡萄酒价格范围只是大致推测，根据葡萄的收获年份等因素会发生变动（100日元约合人民币8.00元）。

新世界葡萄酒地图

提到葡萄酒的生产国，你的脑海中马上会浮现出哪个国家呢？没错，首先会想到法国或是意大利吧？而如今，也有不少人会想到美国和澳大利亚。

世界上酿造葡萄酒的国家很多，目前已经多达50多个。因为葡萄酒的原料是葡萄，所以葡萄的栽培地域适合作为葡萄酒的产地。譬如，年平均气温在10~20℃的地域、北纬30°~50° 附近或南纬20°~40°附近，满足葡萄从开花到结果的日照时间、年降水量、土壤等条件的地方，均适合作为葡萄酒的产地。

近年来，欧洲以外国家的葡萄酒产业都在急剧发展，包括美国、智利、阿根

廷、澳大利亚、新西兰、南非，甚至还有日本。这些国家与葡萄酒历史悠久的欧洲相比属于较新的产地，所以被称为“新世界”。

无论是哪个国家，都旨在打造更完善的葡萄酒酿造业，一心致力于技术开发和研究。有些葡萄酒品质上升的态势甚至达到了令人瞠目结舌的程度，当然，其受欢迎度也在不断上升。

本书将新世界葡萄酒的主要产地按照国家进行分类，以此来介绍值得推荐的葡萄酒。从被大家熟知的知名葡萄酒，到逐渐被人们关注的普通葡萄酒，本书中均有列举。请尽情探寻并试尝品味自己中意的葡萄酒吧！

北美洲

美国可以说是新世界葡萄酒的先驱者。加利福尼亚州及华盛顿州等西海岸气候温暖地区，作为葡萄酒知名酿造地而闻名遐迩。东海岸的纽约州和加拿大的葡萄酒业也正在掀起阵阵高潮。

南美洲

智利和阿根廷是南美洲的两大葡萄酒出产国，所处环境得天独厚——不仅土壤肥沃，又属于地中海气候。此外，近年来，巴西、秘鲁及墨西哥的葡萄酒酿造业也在繁荣发展。

大洋洲

澳大利亚及新西兰的葡萄酒酿造历史尚短，但从欧洲移栽过来的葡萄在得天独厚的环境中长势良好，每年都可以说是“葡萄酒丰收年”。

新世界葡萄酒值得推荐之处

新世界葡萄酒美味香醇

在加利福尼亚、澳大利亚、智利、南非等国家的葡萄酒商店，可以看到丰富多样的各国葡萄酒。这些国家的葡萄酒酿造业虽然已有一定的历史，但登上国际市场的时间仍远远赶不上法国、意大利等欧洲生产国，所以被称为“新世界”。昔日，新世界葡萄酒给人们留下的印象是“大量生产”，而近年来，一些令人赞不绝口的高品质葡萄酒陆续登上国际舞台，使其获得的国际性评价不断提高。其中，有些葡萄酒会给人带来一种错觉——如此便宜的价格竟然也能让人享受到如此佳酿！这种能够频频畅享惊喜的经历，正是新世界葡萄酒的乐趣所在。

新世界葡萄酒便于挑选

你是否有过这样一种经历，在挑选法国葡萄酒和意大利葡萄酒时倍感困惑。比如，读不懂酒标上的内容，无论如何也弄不懂产地的名字……与此相比，新世界葡萄酒是便于挑选的，因为大多数情况下，其酒标上会标有葡萄的品种，而葡萄酒的味道特征又是通过葡萄表现出来的，所以倘若知道了葡萄品种，基本上就能猜出酒的味道了。首先通过品种了解到大致味道，再通过产地了解酒的特征，最终就会找到自己中意的酿造商。用这种方法挑选葡萄酒时，是不是挑选过程本身就充满了无限乐趣？此外，一旦找到了很中意的酿造商，也试着享受一下该酿造商的麦瑞泰基干红葡萄酒（将多个品种混合到一起的葡萄酒）的美味吧！

新世界葡萄酒果味饱满

即便使用同一葡萄品种，由于栽培土壤、酿造方式的不同，味道及香味也会有所不同，这一点可谓是葡萄酒的有趣之处。不过，新世界葡萄酒独有的特点依然存在，即“果味饱满”，有时还会感到甜味。这主要取决于气候条件，“新世界”地区的日照时间比欧洲长，降水量却比欧洲少，也就是说，“新世界”地区栽培优质葡萄的先天条件更优越，葡萄的果味也就更饱满，即使是初饮者也能够轻松饮用。新世界葡萄酒本身的美味就令人陶醉，与佳肴相搭配的美味就更不必说了，这也是新世界葡萄酒的独特之处。

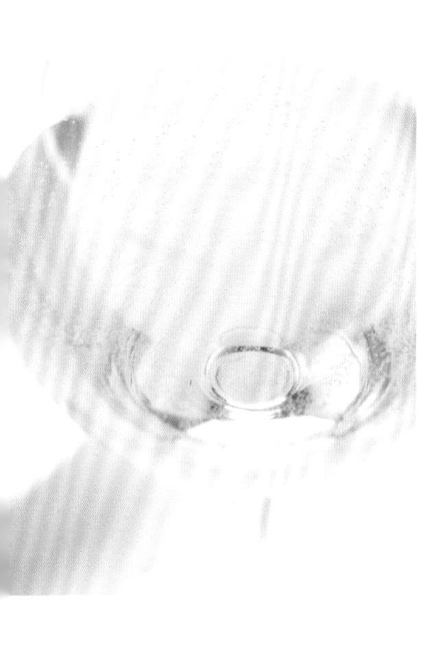

新世界葡萄酒的另一魅力——价格范围广

近年来，随着新世界葡萄酒品质和关注人气的不断上升，许多优质葡萄酒的价格甚至超过了欧洲的高档葡萄酒。比如许多加利福尼亚酒要比法国的高出10万日元。不过在一些世界知名度较低、劳动力及土地都比较低廉的国家和产地，也会有性价比很高的葡萄酒。它们价格适中、品质上乘，可谓是日常品酒的首选。能在尚未被大家熟知的国家及产地发现轻易买不到的珍品，这也是新世界葡萄酒的魅力之一吧。

最近的流行趋势——更优雅的葡萄酒

在果味饱满的基础上，充分使用酒樽，使酒中所蕴涵的香气更为突显，这是新世界葡萄酒的一贯特征。不过最近更受人们追捧的流行趋势是——更优雅、更有效地利用果实本身味道的天然葡萄酒。这是因为，有的生产者想使葡萄酒的细腻味道能够反映出产地的气候和土壤；同时，消费者的饮食生活也开始重视纯天然、充分利用原材料的物质。味道细腻、韵味十足的葡萄酒颠覆了迄今为止一成不变的观念，正在新世界上不断地涌现。

富于变化也是新世界葡萄酒所独有的特色

新世界葡萄酒的生产方法与欧洲不同，所以葡萄酒的种类更加丰富，即便是同一产地，每个生产者也会利用不同品种及酿造方法，进行独特的混合搭配。虽然赤霞珠、雪当利等国际品牌已经占据了主导地位，但近年来，加利福尼亚的山粉黛和智利的卡门等品牌致力于当地品种，努力打造多款葡萄酒，至今仍未被大家所知的全新口味将诞生于新世界。

以新世界为舞台，使葡萄酒酿造国际化

如今，各个领域都呈现出国际化，葡萄酒业当然也在这一趋势之中。欧洲的知名葡萄酒商为了追求利于栽培优质葡萄的自然环境及降低成本，也在逐步打入新世界。如今，人们能够看到法国酿造商在加利福尼亚和智利酿造的葡萄酒，同时，新世界生产者也会在法国学习酿造技术，打造法式葡萄酒。以新世界为舞台，葡萄酒全球化趋势正在不断发展，人们也更加关注跨国优质葡萄酒的诞生。

享受拜访酿造厂的乐趣

在波尔多的部分知名酿造厂和意大利的农场观光地（带有住宿设施的酿造厂等），观光游客可以进行观光学习，但必须事先进行特别预定，否则很难成行。不过在新世界，很多酿造厂都设有品尝中心以供试尝，有的还能在其商店里买到葡萄酒及日用品。特别是加利福尼亚酿造厂的观光地非常有名，那里的酿造厂宛如酒吧一般，即使是普通人也能够十分惬意地拜访酿造厂。较为轻松地去加利福尼亚或澳大利亚拜访一次葡萄酒酿造厂，相信是一次不错的旅行。

Vintage表示葡萄的收获年份

在葡萄酒的世界，经常会用到“Vintage”这个词，表示葡萄的收获年份。葡萄的味道受天气左右，所以葡萄酒也会受影响。好年头也就是丰收年，被称为“great vintage”。这种年份通常雨量少、日照量大。一般情况下，用丰收年的葡萄酿造的葡萄酒可以进行长期发酵。为了预知收获年会不会丰收，便出现了收获情况一览表。一般情况下，新世界地区是天公作美，每年都称得上“丰收年”。不过葡萄酒的味道特征也会受当年的气候影响。无论是丰收年还是欠收年，品味每年葡萄酒的味道特征，也是享受葡萄酒的一种潇洒方式吧。

土地的特征——水土条件

在提到葡萄酒时，人们会经常提到“水土条件”这个词，它表示葡萄酒专用葡萄田所具备的各种自然条件。具体地说，包括气温、日照时间、土壤、风等因素。葡萄酒是由葡萄酿造而成的农产品，所以水土条件的差异会通过葡萄酒的味道表现出来。即使是同一地点，栽培田哪怕有些许不同，葡萄的成长也会有所差异，葡萄酒的味道也会随之发生变化。一般来讲，比较有趣的是，专门用于酿造葡萄酒的葡萄与其他农作物不同，排水差、贫瘠的土壤更利于它的成长。在恶劣的环境下，葡萄根会深深地向下延伸，吸收多种地层的营养成分，长出味道复杂的葡萄。“水土条件”这个词会让人们轻易想到这是欧洲葡萄田的独特之处，实际上，新世界葡萄酒的味道也会受水土条件的影响。有时，我们可以在畅饮葡萄酒的同时，再探知了解一下酿造葡萄酒的土地，这样的意境相信也很不错。

并非高价的葡萄酒就一定美味

加州葡萄酒已经成为了一大话题，譬如，“那瓶葡萄酒竟要10万日元”的话随处可以听到。然而，高价葡萄酒真的物有所值吗？通常情况下，葡萄酒与其他农作物一样，产地的范围越小，便会越昂贵。以加州葡萄酒为例，与用“加利福尼亚”命名相比，用“纳帕谷”命名的葡萄酒则被进一步严格限定，其规定也更加严格。用地名来命名的葡萄酒通常都是能长期发酵的高级葡萄酒。不过，有些价格的决定只是利用了产地或生产商的品牌影响力，而忽略了品质，所以即使是同一国家或地区，也有许多产地虽无名气，但葡萄酒酿造技术很精湛的生产商。

备受关注的Value Wine真的很美味吗

在大众传媒中备受关注的Value Wine，并没有特定的定义及规定，它泛指1000日元（约合人民币80元）以下的葡萄酒。有很多新世界葡萄酒都在这个范围之内。新世界具有广阔的土地和得天独厚的气候，所以即使不到1000日元也能酿造出美味的葡萄酒。然而最近，在数百日元的葡萄酒中出现了这样一类葡萄酒，人们利用技术使其带上酒樽香气，又添加了单宁粉末以调整其味道。观念不同，酿造方法也不同，所以我们应该谨慎挑选这类葡萄酒。

新世界各国葡萄酒的特征

虽说统称为新世界葡萄酒，但是各个国家都有其独有的特征。首先大致把握其特征，然后，再具体地了解。即使是同一个国家，各个地域也是不同的。这一了解过程也是非常惬意的事情。

澳大利亚

Australia

“澳洲葡萄酒”，因其令人舒畅的印象，在日本很受欢迎。透过浓郁的果味，饮者能够感受到温暖的气候，因此它在国际市场也得到了高度评价，产量也在逐年增长。

澳大利亚葡萄酒的特征

1. 因酒体饱满而成熟的西拉而闻名
2. 最大的产地是南澳大利亚州
3. 西澳大利亚州的优质葡萄酒也很多

美国

United States of America

新世界葡萄酒的领导者。美国的葡萄酒产业自19世纪以来就快速成长，如今很多葡萄酒的口碑甚至超过了欧洲的葡萄酒。加州作为葡萄酒生产中心，生产量约占全国的九成。

美国葡萄酒的特征

1. 世界级口碑
2. 纳帕谷以外的产地亦受瞩目
3. 赤霞珠、雪当利以外的品种同样受欢迎

新西兰

New Zealand

新西兰被称为“南半球的德国”。那里气候凉爽，昼夜温差大，酿造的葡萄酒的果味在不失酸味的同时保持着良好的平衡。比起产量来，很多较小规模的酿酒厂更重视质量。

新西兰葡萄酒的特征

1. 长相思的好评度极高
2. 近年来，盛行栽培黑皮诺
3. 最大的产地是位于南岛的莫尔伯勒

智利

Chile

智利葡萄酒因为富含果香，口感的协调性较好，得到全世界青睐。智利西邻太平洋，东临安第斯山脉，被天然要塞所环绕，这种得天独厚的环境条件非常有利于葡萄的栽培。近年来，也出现了一些知名葡萄酒。

智利葡萄酒的特征

1. 马泊谷是知名产地
2. 使用赤霞珠的红葡萄酒极受欢迎
3. 国产品种卡门——口味辛辣独特

南非

South Africa

在17世纪，南非便开创了葡萄酒酿造业，但由于政治原因曾中止了葡萄酒出口。20世纪90年代之后，南非葡萄酒酿造业出现惊人的飞跃式发展。葡萄酒一下子从日常用品变成了奢侈品，其种类更是数不胜数。

南非葡萄酒的特征

1. 当地品种白诗南——味道醇厚而细腻
2. 以口感清怡复杂的品乐塔吉为傲
3. 距离开普敦较近的沿海地区是主要产地

阿根廷

Argentine

阿根廷作为仅次于智利的葡萄酒出产国备受瞩目，葡萄酒生产量位居世界第5位，消费量位居世界第3位。在高品质葡萄酒不断增加的同时，其较为合理的购买价格也是吸引人之处。

阿根廷葡萄酒的特征

1. 产地集中在安第斯山脉的山麓
2. 主要品种有马尔白克红葡萄酒、特浓情白葡萄酒
3. 味道方面，多数较优雅

照片由加州观光局罗伯特·福尔摩斯提供

新世界

对葡萄种类了如指掌便不会迷失于葡萄酒的挑选

葡萄酒属于农产品，它的酿造需要充分挖掘原料——葡萄的各种成分，所以味道及香味等会因葡萄品种的不同而不同。在新世界的各个葡萄栽培地中，有多种多样的品种，譬如以赤霞珠为首的从欧洲引进的国际品种，山粉黛等当地品种。最近，世界各地正在打造将国际品种和当地品种混合而成的独特葡萄酒。此外，即便是同一品种，产地不同，味道也会大相径庭。如今，葡萄的品种由人们亲自带到了无国界的方向，世界各地都在进行着新的尝试。

● 白葡萄酒 White Wine ●

Sauvignon Blanc

长相思

香气如嫩草般清新、人气飙升

此品种是一种芳香植物，具有清爽的酸味，常被比喻成“香草”或“嫩草”等。它作为仅次于雪当利的国际白酒品种，在全世界均有酿造，即便是新世界各国，也都在积极致力于长相思的酿造。在加利福尼亚，它还有一种烟熏味，所以亦被称为“富美布朗克（Fume Blank）”。

欧洲的代表产地有：法国的卢瓦尔地区和北意大利等，它们以长相思为核心，还酿造着超过数万日元的高级葡萄酒。

新世界地区，新西兰对葡萄进行了大面积栽培；加利福尼亚和南非也在酿造着多种类型的葡萄酒。

新世界的长相思

○美国加利福尼亚

从清新的日常类型，到浸入酒樽熟成的华丽的正式类型，人们可以挑选地区或生产者，享受到不同的类型。而无论哪种类型，都具有加利福尼亚特有的浓烈果味。

○新西兰

新西兰的代表品种。口味丰富，如青苹果味、柑橘香味等。由于气候凉爽，也能酿造出带有酸味的清爽型葡萄酒。生产商实施酒樽发酵及熟成，打造波尔多般口味复杂的白葡萄酒。

○智利

事实上，位于白葡萄酒生产量榜首的并非是雪当利，而是长相思。其类型清新、质量上乘，价格却十分低廉，深受葡萄酒爱好者的追捧。

Chardonnay

雪当利

在全世界集万千宠爱于一身的白葡萄酒女王

提到最受欢迎的白葡萄酒品种，那肯定是雪当利。根据酿造商或产地，从清新畅爽类型到浸入酒樽熟成类型，各种类型应有尽有。其香味口味丰富，因此被全世界大面积栽培。清新畅爽类型的，香气如同青苹果、葡萄柚般甘甜清爽；浸入酒樽熟成类型的，具有蔗糖及香草的香气。根据酿造方式的不同，葡萄酒的口感也会发生巨大变化，这也可谓是一种魅力吧。

以法国的勃艮第地区为首，雪当利已经成为全世界不可缺少的品种。具有代表性的是充满矿物质感的“夏布丽白葡萄酒”和知名特级田“蒙哈榭”等。此外，在瓶内经过两次发酵酿造而成的“香槟酒”也使用了雪当利。

在新世界，加利福尼亚产的雪当利最有名气。在1976年的巴黎品酒会上，加利福尼亚的雪当利超过了勃艮第的特级葡萄酒，一跃成为世界级知名品种。澳大利亚、智利、南非也在酿造质量上乘的葡萄酒。新世界的雪当利通常属于充分利用酒樽的类型。不过根据加利福尼亚、新西兰、澳大利亚等寒冷产地及酿造商方式的不同，也可以享受到极其优雅的口味。与其他各产地的雪当利相比，新世界的个性更加显著。

新世界的雪当利

○美国加利福尼亚

美国加利福尼亚的雪当利正在引领世界，风头不亚于勃艮第。加利福尼亚雪当利的果味丰富，再加上充分利用酒樽后产生的果仁味，味道十分复杂。它类型清新，甚至会带有甘甜。纳帕的雪当利可以称得上世界水平。在寒冷的蒙特雷生产的雪当利口味优雅、略酸，与纳帕的雪当利不相上下，也越来越受到人们的欢迎。

○澳大利亚

雪当利是澳大利亚白葡萄酒的代表品种。从果味浓烈、饮用方便的随意类型，到充分发挥酒樽的烟熏味类型，各类型应有尽有。西澳大利亚州及维多利亚州酿造的雪当利极其出众，其酒樽与果味的平衡度如勃艮第酿造般，正在逐步获得世界性高度评价。

○智利

雪当利在纵贯南北的凉爽地区被大面积栽培，临近太平洋的卡萨布兰卡谷的雪当利，品质得到了人们公认的好评。在智利，盛行在合适的产地种植雪当利的风潮，市场上也出现了很多质量上乘的雪当利葡萄酒。

○南非

在昼夜温差变化显著的南非，带有酸味的雪当利被大量栽培。对于南非来讲，雪当利是较新品种，但由于该国酿造技术高超，所酿造的高品质雪当利估计将使勃艮第地区也甘拜下风。

Riesling

威士莲

具备清新酸味及高贵甘甜两种口感

作为德国的代表品种，威士莲在慕塞河流域及莱茵河流域被广泛栽培。它属于10月~11月完全成熟的晚熟类型，果实粒小，具有丰富的果香，天然的甘甜、清新的酸味。它也适合长期熟成，在任何土壤均能发挥个性，所以世界各地都在酿造着各种风格的威士莲。其栽培地域面积广，例如加利福尼亚的一些寒冷地区，俄勒冈州、华盛顿州、澳大利亚、新西兰，还有南非的一些产地等。

从无果味风格到贵腐葡萄酒般甘甜风格，威士莲所酿造的类型应有尽有。残留糖量高的甘甜类型也被广泛酿造。近年来，在进餐中享用的无果味风格的威士莲也变得愈加常见。

新世界的威士莲

○美国加利福尼亚

在中央海岸等寒冷地区生长的威士莲极其出众，其优良程度并不亚于阿尔萨斯的加利福尼亚。此外，酿造商也会酿造残留糖量高、德国甘甜风格的白葡萄酒。总之，依靠着加利福尼亚日照量的优势，威士莲的果味十分醇厚。

○澳大利亚

以果香型的烈性酒为核心，南澳大利亚州酿造的威士莲矿物质感显著。

○新西兰

寒冷的气候非常有利于威士莲的生长，酿造而成的优质葡萄酒属于带有酸味的阿尔萨斯型，味道中带有清爽感及矿物质感。

Chenin Blanc

白诗南

从清新到贵腐，呈现风格广泛的白葡萄

白诗南起源于法国卢瓦尔地区，具有多重性，根据葡萄的收获时期及酿造商，从烈性酒到甘甜酒，类型多样，富于变化。在新世界地区，白诗南是南非及澳大利亚等地积极栽培的品种之一。在热情高涨的生产者中，也有使用该品种挑战长期熟成葡萄酒的，可以说是今后值得期待的品种之一。

新世界的白诗南

○澳大利亚

尤其在气候寒冷的西澳大利亚，从浸入酒樽熟成的烈性类型，到与韦尔德贺品种一起酿造的果香类型，酿造商正在挑战着各种风格。

○南非

在南非，白诗南又被称为“史汀”，是该国栽培面积最大的代表性品种。以白诗南为傲的南非，由于气候寒冷，从清新花香型到酒樽熟成型，各种类型应有尽有。人们可以享受到其独有的变化和多样性。

Sémillon

赛美蓉

脱俗的贵腐葡萄酒便源于该高贵品种

该白葡萄酒品种具有优雅的香气、微妙的果味。它赋予了葡萄酒饱满有力的酒体，通过它可以酿造出长期熟成的葡萄酒，所以通常被用作补助品种。在波尔多的索泰尔纳地区，它被用作知名贵腐葡萄酒的原料，澳大利亚等地也在使用它酿造贵腐葡萄酒，优良度绝不亚于索泰尔纳。

新世界的赛美蓉

○美国加利福尼亚

以波尔多产的白葡萄酒为目标，进行葡萄酒酿造。将赛美蓉与长相思相混合，浸入酒樽熟成，酿造出华丽型的葡萄酒。

○澳大利亚

从轻便型葡萄酒，到浸入酒樽熟成的正式派葡萄酒，口感多辛辣。此外，索泰尔纳般的甘甜贵腐葡萄酒也由该品种酿造而成。

Viognier

维奥涅尔

香气令人陶醉的另一高贵品种

维奥涅尔曾酿造于法国罗纳山麓及朗基多克地区，近年来在加利福尼亚和澳大利亚的受欢迎度急剧上升，目前仅次于雪当利。由于栽培过程十分复杂，在全世界的栽培面积并不很大，不过其味道芳香，因此受到大家的大力追捧。其特点是具有热带水果及桃子成熟后的口味，销售价格大多比较昂贵。在法国罗纳山麓及知名的“露迪山麓”，它常与西拉相混合，进行红葡萄酒的酿造。

新世界的维奥涅尔

○美国加利福尼亚

维奥涅尔在整个加利福尼亚地区被广泛栽培，特别是在圣巴巴拉一带，所酿造的维奥涅尔馥郁感十足且味道浓郁。

○澳大利亚

特别出众的维奥涅尔被酿造于西澳大利亚州，自30年前从法国罗纳引渡以来，栽培人数虽少，但酿造的维奥涅尔品质毫不逊色于法国名酒。

Gewürztraminer

琼瑶浆

飘逸着浓厚独特的香气

Gewürztraminer是表示香草及药材的德语。它有着荔枝般的甘甜又散发着独特的香气。由琼瑶浆酿造的葡萄酒，其特色是具有甘甜的香味及烈性。它在寒冷的气候中生长，在欧洲，法国的阿尔萨斯地区、德国、以及北意大利的琼瑶浆都是很有名气的；在新世界，主要栽培于澳大利亚、加利福尼亚、俄勒冈州、新西兰等地。

新世界的琼瑶浆

○美国加利福尼亚

北加利福尼亚的门多西诺，酿造着残留少许糖分的甘甜清爽型琼瑶浆。该品种非常适合与辛辣菜肴搭配，已经作为一种餐中酒被人们所享用，同时，在美国，民族特色菜肴也开始被人们所接受。

○澳大利亚

在澳大利亚，人们能够买到这样一类琼瑶浆——它们质量上乘，如法国阿尔萨斯所产的一般，带有浓烈的酸味，口感如杏仁及桃香那样清新。

Pinot Gris

灰皮诺

上乘的酸味使任何菜肴都余味悠长

浓烈的酸味，富于矿物质感的灰皮诺（又名“皮诺杰治奥”），其大气的口味，最初是在意大利以随意休闲类型进行酿造的，所以亦称为“食用酒”。然而近年来，在新世界地区，越来越多的生产者使用该品种酿造更加立体式的葡萄酒。代表性的产地如俄勒冈州、新西兰等。其苹果及洋梨、柑橘系风味让人们饮后感觉复杂、余味长留齿间。

新世界的灰皮诺

○美国俄勒冈州

俄勒冈州以灰皮诺栽培面积位居美国之首为豪，也因灰皮诺而获得世界性高度评价。所酿造的灰皮诺集浓郁的果味、矿物质口感、清新的酸气于一身，且这三项达到完美的平衡。

○新西兰

新西兰气候寒冷，葡萄的生长期会很长。在这里，灰皮诺口味十足，同时被大范围酿造。这种葡萄与俄勒冈州产灰皮诺相似，质量上乘。

Vermentino

维蒙蒂诺

意大利值得引以为傲的高级品种

维蒙蒂诺源于意大利的托斯卡纳州，而后被广泛栽培于撒丁岛及西西里岛，是意大利具有代表性的高级品种。据说它非常适合地中海气候，通常被栽培在近海凉爽地区。特别是在意大利移民很多的加利福尼亚，栽培维蒙蒂诺的生产者在不断增加。该品种清新芳香，融合了芳草、橘皮等复杂果味，近年来备受关注。

新世界的维蒙蒂诺

○美国加利福尼亚

与意大利造维蒙蒂诺一样，这里所酿造的维蒙蒂诺完全不使用酒樽。特别是有着“黑皮诺权威”之称的弗朗西斯·马奥尼，专门栽培自家消费用的维蒙蒂诺，它在各种葡萄酒评价杂志上，所获得的高度评价甚至会超过意大利名酒。

Caernet Sauvignon

赤霞珠

在成熟度恰到好处之时，味道发生变化
世界上具代表性的葡萄

赤霞珠，是红葡萄酒专用葡萄品种的代表。它是法国波尔多地区的主要品种，知名的“拉图古堡”“玛歌古堡”等高级葡萄酒的酿造也是以它为核心。在1976年举行的巴黎品酒会上，加利福尼亚的赤霞珠得到了超过法国知名古堡酒的高度评价。从此，以美国为首的新世界赤霞珠举世瞩目。

由于赤霞珠葡萄果皮很厚，种子中富含大量单宁，所以用其所酿造的葡萄酒色浓味醇，伴有浓浓的涩味和酸味。随着成熟度的提高，味道的平衡度也演变得恰到好处。黑醋栗、胡椒般的香气中，还夹杂着桂皮、雪松等香气。

在新世界，有很多以赤霞珠为核心的红酒，它们的标签上会标出品种名称——“由多品种精酿而成的红酒”。但近年来，赤霞珠与其他品种混合而成的麦瑞泰基葡萄酒亦被用于波尔多式高级红酒中。

新世界的赤霞珠

●美国加利福尼亚

美国正在酿造与法国波尔多高级葡萄酒相匹敌的世界顶级赤霞珠。与法国重视雅致不同，加利福尼亚更重视果味与酒精味十足的强烈吸引力。近年来，馥郁感强、更追求雅致的复杂类型也很受欢迎。

●智利

正如葡萄酒爱好者经常会谈到“智利Cabe（ Cabernet Sauvignon）”这个词，智利赤霞珠的实力在不断增强。

●澳大利亚

澳大利亚正在酿造充满活力和果味的葡萄酒。南澳大利亚所酿造的葡萄酒果味馥郁，很有名气；西澳大利亚则口感微妙雅致。

Merlot

梅尔诺

因口味柔和，一跃从配角变成主角
葡萄酒世界的知名演员

梅尔诺最初栽培于法国波尔多地区。即便是得到“酒堡中的柏图斯”等世界性评价的波美侯，也是由梅尔诺酿造而成的。用梅尔诺酿造的葡萄酒具有独特的浓红色，酸度比赤霞珠还低，所含单宁也很少，口感柔和润滑，果味十足。在红葡萄酒之中，它属于便于饮用、容易与各种菜肴搭配的类型。

在新世界，加利福尼亚正在酿造世界级的梅尔诺葡萄酒。与法国梅尔诺相比，它更具馥郁感和果香。此外，它在澳大利亚、南非、智利的生产量正在不断增加，很受欢迎。

新世界的梅尔诺

●美国加利福尼亚

伴随着赤霞珠的成功，加利福尼亚的梅尔诺品质也在不断攀升。其果味浓郁，在柔和之中使人感受到加利福尼亚的温暖。作为长熟型高级葡萄酒，它以一种毫不逊色于赤霞珠的姿态出现在人们面前，备受大家关注。

●智利

近年来，智利的梅尔诺也以惊人的态势发展。所酿造的梅尔诺口味显著且伴有果香。非浸入酒樽熟成型的梅尔诺，单宁量比赤霞珠少，更容易搭配菜肴；而浸入酒樽型的，则会与赤霞珠等品种混合，酿造成波尔多式高级红酒，这将成为一种潮流。

●南非

在种族隔离政策取消后，南非开始向欧美市场出口梅尔诺，同时，来自欧美的技术也在不断引入，因此梅尔诺的品质也在不断提升。虽然梅尔诺仍处于发展阶段，但强有力且高雅的梅尔诺也在陆续登场中。

●日本长野

以盐尻市为中心进行栽培。日本因雨水很多，很难进行梅尔诺的栽培，但由于近年来栽培技术的提高，葡萄催熟成为可能，在国际比赛中也出现了获奖的梅尔诺。

Pinot Noir

黑皮诺

在电影中会被提到，优雅且受欢迎

黑皮诺是法国勃艮第地区的代表品种。它串小且圆、果皮略薄。与赤霞珠相比，单宁酸味更加温和。通常情况下，味道醇和、果味浓。它适合于“罗曼尼康帝”等高价位葡萄酒品种，亦适合于长期熟成的品种。由于电影《杯酒人生》提到了黑皮诺葡萄酒，受其影响，黑皮诺在加利福尼亚超有人气，价格也在不断上涨。此外，俄勒冈州也在酿造黑皮诺。它在澳大利亚及新西兰也是很受欢迎的品种。由于它被作为单一品种使用，所以各产地、各生产者酿造的味道大不相同。

新世界的黑皮诺

●美国加利福尼亚

自从在电影中被提及后，加利福尼亚黑皮诺的知名度传播到了整个世界。其酸味很强，而加利福尼亚的丰富日照量使其果味达到良好平衡。酿造而成的葡萄酒毫不逊色于勃艮第的高级黑皮诺。

●澳大利亚

较凉爽的维多利亚州是其主要产地。一直以来，它被用作发泡葡萄酒的原料。最近，作为红葡萄酒的它亦博得人们的厚爱，具有黑樱桃般丰富色泽及果味。

●新西兰

新西兰与勃艮第、俄勒冈州并称“黑皮诺的三大圣地”。清新凉爽的气候与丰富浓烈的果味有着万千联系。

Syrah (Shiraz)

西拉（穗乐仙）

澳大利亚的代表品种

该品种被栽培于法国南部、澳大利亚、加利福尼亚等地。温暖气候与寒冷气候并存。虽然单宁及酸味很强，但被精心栽培的穗乐仙与丰富的果味相辅相成。在成熟之前，便可酿造成便于饮用的葡萄酒。成熟之后，味道醇厚浓烈。色泽浓红中带黑、香气中带有黑醋栗等果实与芳草气息、香气复杂。

除了法国的知名产地外，它在加利福尼亚及澳大利亚也是很成功的品种。特别是在澳大利亚，西拉是具有代表性的葡萄酒。

新世界的穗乐仙

●澳大利亚

西拉是澳大利亚的代表性品种，甚至被用于奢侈葡萄酒中。虽然使用美国红橡木的果酱味（带有果味）葡萄酒占主流，但是在西澳大利亚，比起酒樽风味，人们更热心致力于与充分发挥素材的有机穗乐仙之间的搭配，不断地酿造味道细腻天然的葡萄酒。

●美国加利福尼亚

在中央海岸，由酸味与果味饱满的葡萄酿造而成的优质西拉葡萄酒，深受当地人的欢迎。与澳大利亚的果酱味西拉不同，由于中央海岸气候寒冷，所以味道优雅、略带酸味的西拉更受欢迎。作为优质葡萄酒，它在葡萄酒杂志上获得了良好的口碑。

●智利

在智利的温暖气候产地和寒冷气候产地，被酿造的西拉具有各自的特点，深受人们的关注。特别是优质级别的葡萄酒，口味浓郁优雅。作为世界级葡萄酒，它正在获得人们的钟爱。

Grenache

格连纳什

味道浓郁芳香

在众多红葡萄酒中，格连纳什以生产量世界第一为傲，原产地为西班牙。色泽深，富含果味，酒精度高且浓，但味道醇和。在法国南部，它与西拉齐名，是重要品种之一。与其说它是单一品种，其实被混酿的成分更多一些。近年来，格连纳什的口碑不断提高，在单一酿造的葡萄酒中，有的交易价格很高。

新世界的格连纳什

●美国加利福尼亚

在尽是赤霞珠、雪当利的加利福尼亚，近年来，格连纳什与梅尔诺、黑皮诺一样，作为区别化的品种之一备受关注。其中，栽培格连纳什、维奥涅尔等罗纳品种（法国罗纳山麓品种）的生产者被称做“罗纳监管员”。有时也会出售奢侈酒GSM（Grenache Syrah Mourvedre/格连纳什、西拉、慕合怀特）。

●澳大利亚

至20世纪中叶，人们大量生产甜红葡萄酒那样的酒精强化葡萄酒，而用于其酿造的格连纳什也被大面积栽培。因为产于温暖地带，果实味丰富。最近，人们发现了与原产于南佛州罗纳一样的格连纳什，也发现了被用于西拉混酿的格连纳什。在西澳大利亚，酿造者正在酿造与穗乐仙相匹敌、富有果味的格连纳什。

Cabernet Franc

品丽珠

味道优雅，扮演辅助品种和主演的知名演员

该品种被栽培于法国波尔多地区。虽然是赤霞珠的原种，但它的酸性及单宁很少，所酿造的葡萄酒味道温和。在卢瓦尔地区，以品丽珠为核心，酿造着“希侬”“索米尔尚比尼”等知名葡萄酒；在波尔多，以该品种为核心，酿造着世界性名酒“白马庄园”。

新世界的品丽珠

●美国加利福尼亚

在大部分情况下，品丽珠被用作赤霞珠的辅助品种。然而最近，越来越多的生产者单独使用品丽珠酿造波尔多式口感光滑亮泽的葡萄酒。由此看来，它作为单一品种，也很值得人们期待。

Malbec(Cot)

马尔白克

色泽深，别名“黑葡萄酒”

该品种最初被栽培于法国的西南部的卡奥尔地区及波尔多。其单宁含量丰富，由马尔白克酿造的葡萄酒色泽深，十分接近于黑色。

阿根廷近年来备受关注。生产集中的门多萨地区，气候寒冷干燥，而马尔白克种子似乎与当地气候的性情很协调，伴随着技术的高度进步，品质不断得到提高，人们正在酿造优雅的葡萄酒。

新世界的马尔白克

●阿根廷

马尔白克在阿根廷属于特色品种。它在阿根廷被积极使用，口碑极佳。用其酿造的葡萄酒与法国西南部的不同，有着南半球独有的浓烈果味。

Sangiovese

圣祖维斯

在意大利很流行，在美国亦受欢迎

以意大利中央的托斯卡纳州为中心，整个地区都栽培了圣祖维斯，它也是在意大利最流行的红葡萄酒品种。它有野生樱桃等果实的香气，也有香草等辛辣香气。其特征是水果感十足、味酸、含单宁较少。

新世界的圣祖维斯

●美国加利福尼亚

在加利福尼亚，该意大利品种很受欢迎，被称为“加利大利”（加利福尼亚和意大利的略称）。加利福尼亚独有的果味，使酿造出的圣祖维斯的果味更加馥郁。纳帕和索诺玛不必多说，在门多西诺、西拉山等意大利移民最初酿造葡萄酒的地区，人们酿造着各种类型的圣祖维斯。从随意休闲型到熟成的高级型，圣祖维斯成为最近很受欢迎的品种之一。

Zinfandel

山粉黛

加利福尼亚引以为傲的实力派

山粉黛是加利福尼亚的成功品种，其特点在于黑莓般的果实香味、温和的单宁及刺鼻的酸味。葡萄酒的味道从淡淡的果香到长期熟成型的浓郁，各类型应有尽有。除了纳帕谷，加利福尼亚的代表性产地门多西诺、索诺玛、蒙特雷等，几乎都在酿造该品种。各地均热衷于该品种，不断打造代表性名酒。

新世界的山粉黛

●美国加利福尼亚

山粉黛作为当地品种，是美国人引以为傲的红葡萄酒，甚至会经常出现在白宫的晚餐会上。美国人将优质的山粉黛称为“jammy”（如果酱般）。该品种果味馥郁，口味充满生气。最近，不光是果酱味，味道复杂优雅的山粉黛也出现了，山粉黛的姿态正在发生变化。

Carmenere

佳美娜

智利招牌品种！酿造智利独有的葡萄酒

作为智利当地品种，佳美娜的人气不断上升。在18世纪初期以前，世人通常认为它被栽培于法国波尔多，而19世纪末期，它才登上智利这个舞台。温暖的智利，比波尔多更适合佳美娜的栽培，酿造而成的智利独有的葡萄酒，兼备梅尔诺的柔和与赤霞珠的浓烈。

新世界的佳美娜

●智利

智利各国栽培着大量佳美娜，他们被单独酿造或与赤霞珠及西拉混合酿造，最终形成的葡萄酒口味极其丰富。虽然价格口味随意的葡萄酒居多，然而最近，越来越多的生产者对利用该品种酿造优质葡萄酒的热情有增无减。可以说，它是担负着智利葡萄酒未来的一种值得期待的品种。

Pinotage

品乐塔吉

值得炫耀的南非本土红葡萄酒

品乐塔吉被栽培于南非，是南非的代表性葡萄酒品种。它是由黑皮诺和神索两种品种杂交而成的。神索茁壮、易于栽培的性质，正好弥补了黑皮诺抗热性差、抗害虫能力差的弱点，便于栽培。所酿造的葡萄酒味道浓烈而细腻，价格适中，在日本也受欢迎。

新世界的品乐塔吉

●南非

在南非，品乐塔吉与赤霞珠相当，是红葡萄酒专用的代表品种。南非东临印度洋，西邻大西洋，在春夏两季刮的“开普医生（Cape Doctor）”强风，一直在保护着葡萄的健康成长。自从20世纪90年代取消南非种族隔离政策之后，南非的葡萄酒贸易再次被打开，它正打造着国际级别的葡萄酒。

葡萄酒的种类及酿造方法

葡萄酒的种类很多，有红葡萄酒、白葡萄酒、玫瑰红葡萄酒、起泡葡萄酒4种。颜色及味道不同是由于酿造方法不同。由于拥有不同的地域及生产者，酿造方法多少会有些不同。这里介绍一下基本的酿造方法。

收获

使用红葡萄

粉碎、除梗

放在粉碎机上，除去果梗（轴），粉碎果实。
※也有不除梗的情况

发酵

将粉碎后的葡萄连果皮及种子一同放入酒桶中，使其发酵。也有添加酵母的情况。
此时，葡萄果汁中所含的糖分变成了酒精，通过果皮产生了红色素和花青素，通过种子产生了涩味成分——单宁。

压榨

压榨已完成的发酵葡萄汁，除去果皮和种子。

熟成

移入酒樽或酒桶中使其熟成。时间段根据品种而不同，大致需要3个月~3年。

装瓶

将过滤后的葡萄酒装入瓶中。在最佳饮用时间之前，葡萄酒在瓶中继续进一步熟成。

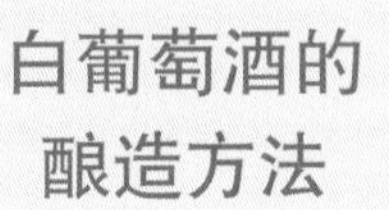

收获

主要使用白葡萄

粉碎、除梗

放在粉碎机上，除去果梗（轴），
粉碎果实。

压榨

放在压榨机上，只提取葡萄汁。

发酵

利用酵母的作用使其发酵。
发酵完全后，则变成了烈性葡萄酒。

熟成

移入酒樽或酒桶中使其熟成。时间段根据品种而不同，大致需要3个月~1年。

装瓶

将过滤后的葡萄酒装入瓶中。在最佳饮用时间之前，葡萄酒在瓶中继续进一步熟成。

玫瑰红葡萄酒的酿造方法

玫瑰红葡萄酒的制法主要有以下4步

1. 与红葡萄酒制法相同，在中途阶段，当葡萄汁呈红色后，只提取葡萄汁，使其发酵。
2. 用力压榨红葡萄，以榨取葡萄汁，酿造方法采取白葡萄汁制法。在压榨的时候由于色素残留，可以形成淡粉色的葡萄酒。
3. 将红葡萄与白葡萄相混合，用与红葡萄酒同样的制法酿造。
4. 将红葡萄酒与白葡萄酒相混合，不过该酿造方法仅限于起泡玫瑰红葡萄酒。

起泡葡萄酒的酿造方法

收获

使用白葡萄和红葡萄。

压榨

放在压榨机上，只提取葡萄汁。

发酵熟成

装入瓶中，加入糖分和酵母使其在瓶内发酵，此时将出现的酒泡再次密封于瓶内，它会变成起泡葡萄酒的酒泡。

酒瓶去渣

将酵母的残骸集中在瓶口，将其除去。

调整

加入甘甜的甜香油来调整其甜度，此时甜香油的量将决定甘烈的程度。

※起泡型葡萄酒的代表——香槟酒之名（香槟），只限于由法国香槟区特酿的葡萄酒。

其他葡萄酒

贵腐葡萄酒

使用葡萄上附带的特殊霉菌。通过该霉菌，水分会蒸发，糖分浓缩后，便形成了稠糊状的极甘甜葡萄酒。它只能在一定的气候条件下酿造，因此较稀少。

冰葡萄酒

使用寒冷地区生长的冰葡萄。在葡萄还冰冻的时候，就将其摘下进行压榨，所以葡萄酒的糖分很高，极其甘甜。一般认为它是仅次于贵腐葡萄酒的奢侈品。

加强葡萄酒

也被称为酒精强化酒。雪莉、波特是代表。因为它是在葡萄酒发酵过程中或发酵结束后添加白兰地，所以酒精浓度会高至18° 左右。

调配葡萄酒

别名苦艾酒、芳香酒。通过香料及香草等蒸馏液、果汁、蜂蜜等，增添葡萄酒的香气。具有代表性的包括苦艾酒，大多情况下，它作为一种餐前酒被人们享用。

标签的解读方法

葡萄酒的标签一般用外语来标注（亦是一种礼节），其标注顺序琐碎，没有统一的表示方法。这样说来，标签的解读似乎很棘手，但酒标上的信息对于葡萄酒的选择有着很大的帮助，因此我们还是应该掌握基本的解读方法。

我们一旦了解了酒标的解读方法，在一定程度上，便能猜测到葡萄酒的味道了。对于特选多品种的葡萄酒来说，酒标易懂是其一大特征。基本上，酒标内容有四项：Vintage（葡萄的收获年份）、生产商名称、原产地名称、葡萄品种名称。对于没有标出品种的葡萄酒，可以向商店工作人员咨询。

❶ Vintage（葡萄的收获年份）

葡萄收获的年份，并非是被酿造的年份。可以说，葡萄酒的味道由葡萄的生长状况决定，所以何时收获的葡萄是重要因素。

❷ 生产商名称

酿造葡萄酒的厂商名称。

❸ 产地名称

标写着“纳帕谷”“南澳大利亚州”等葡萄酒产地。倘若是知名酿造地，还会标明更详细的地区信息。

❹ 葡萄品种名称

使用的葡萄品种名。名牌葡萄酒，会对葡萄品种名分别进行标注。而倘若某一葡萄（如“梅尔诺”“雪当利”等）品种所占的比例很大，那么仅允许标注该品种。其比例及详细情况根据情况而不同。

此外，有的酒标也会标注品牌名称、酒精度数、容量、生产商所在地。

美国

United States of America

美国

新世界葡萄酒的领导者
从超贵重品到日常品
品种繁多、应有尽有

美国以葡萄酒生产量位居世界第4位为豪，是领导“新世界葡萄酒”的重要葡萄酒产地。19世纪时，它就完成了惊人的高度成长，如今生产出的大量葡萄酒获得的评价甚至超过了欧洲葡萄酒。其中，加利福尼亚的葡萄酒产量占全美国的90%左右。生产地域被进行多样化细分的同时，在复杂的气候下，生产者酿造着各种风格的葡萄酒。近年来，除加利福尼亚外，华盛顿州、俄勒冈州、纽约州等地也在生产高品质葡萄酒。

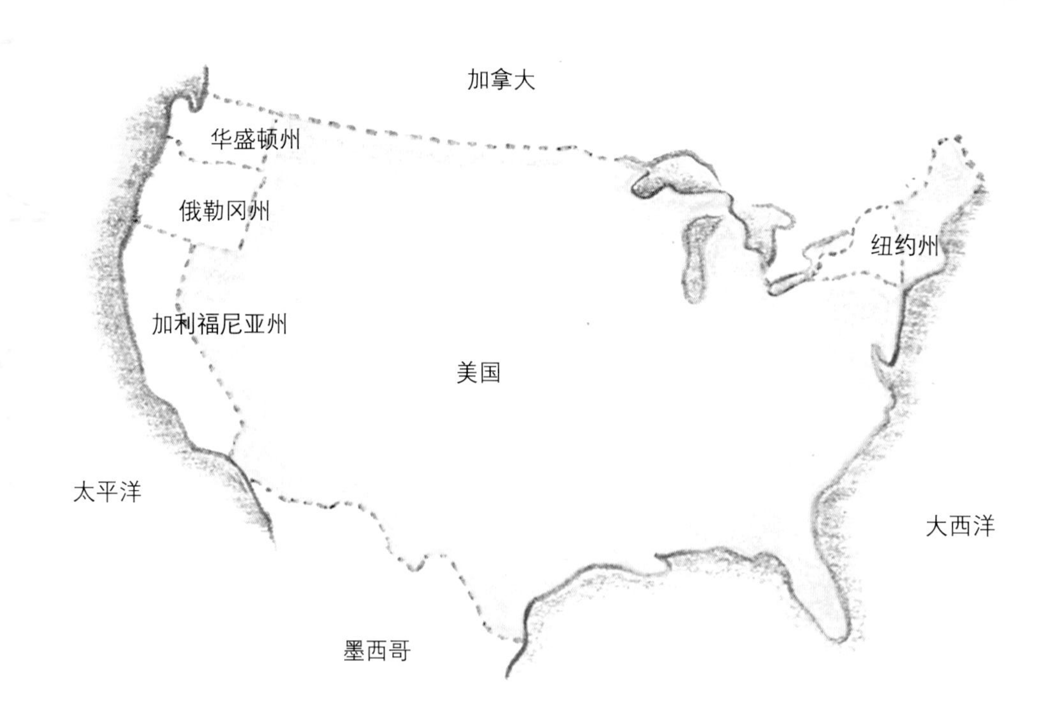

美国葡萄酒历史悠久

美国葡萄酒虽被称为“新世界葡萄酒”，但酿造历史十分悠久。在18世纪，美国就已经利用各葡萄品种酿造葡萄酒了，范围从本地品种到欧系品种（酿造用葡萄品种）均有。葡萄酒酿造从美国东部开始，而后发展至全美国。西班牙传道士在传教的同时，也进行葡萄田的种植，使用欧系品种“弥生”来生产葡萄酒。

1848年开始的淘金热，使加利福尼亚的人口由于移民而增加，产生了很多富裕阶层，加利福尼亚也因此酿造出了大量针对这一阶层的葡萄酒。然而随后，美国的葡萄酒产业开始荆棘载途。

19世纪中叶，受葡萄根瘤蚜（葡萄的天敌）的侵害，美国的多数欧系品种濒临灭绝。1893年在美国发生了“大恐慌”后，葡萄酒在美国逐渐消失。另外，1920年1月实施的《禁酒法》，使美国的葡萄酒界受到了致命的打击。从此，葡萄田荒凉起来，大部分酿造商也衰落下来。

1933年，在《禁酒法》全面废除后，美国葡萄酒生产的转机终于来临了。其中，加利福尼亚大学戴维斯分校的葡萄酒酿造研究对葡萄酒产业起到了重要作用。通过这项研究，以加利福尼亚为中心的美国葡萄田的种植由本地品种转为高级品种，与此同时，酿造者也逐渐酿造出了高品质葡萄酒。

最终，加利福尼亚葡萄酒登上了世界大舞台

1976年，加利福尼亚葡萄酒登上了世界舞台。在法国举行的葡萄酒遮目品尝对决活动上，法国葡萄酒专家汇聚一堂，一起试尝了法国产的高档葡萄酒，以及当时人们并没有留意的加利福尼亚葡萄酒。人们本以为法国的名酒不会输给加利福尼亚葡萄酒，但没想到的是——无论是红葡萄酒还是白葡萄酒，排名第一的都是加利福尼亚葡萄酒。几乎所有人都对自己的判断产生了怀疑。

试饮结果瞬间传遍了整个世界，这结果大大鼓舞了法国以外国家的葡萄酒生产者。此事发生后，法国葡萄酒是“唯一有实力生产世界高品质葡萄酒的产地”的信条被打破。加利福尼亚的葡萄酒开始活跃在世界葡萄酒的舞台，并不断发展。

加利福尼亚州

凭借温暖气候和寒流，生产的葡萄酒质量上乘

加利福尼亚不仅在美国，在世界上也是生产顶级葡萄酒的知名酿造地。该产地雨量少、日照量大、湿气小，能够抵御病虫灾害，有利于葡萄的栽培。加利福尼亚濒临太平洋，受地中海气候的影响，昼夜温差较大，因此，葡萄的生长需要很长的时间，并且葡萄的味道会变得很浓。

在加利福尼亚，因不同地区存在多样气候，所栽培的植物也各种各样，应有尽有。加利福尼亚最知名的产地是“纳帕”和“索诺玛”，当然并不仅有这两个地方。在1976年的“巴黎品酒会”后，纳帕的酿造商们便以赤霞珠和雪当利品种作为核心，进行葡萄酒的酿造，当然这只是一种标准。最近，也有很多酿造商使用其他品种酿造更多的个性化十足的葡萄酒。

此外，像法国波尔多地区还出现了品质高且稀少的葡萄酒，如“麦瑞泰基（Meritage）”等稀有葡萄酒，它们并不依赖于某一品种，而是由几种品种混合而成的，它们那种通过单一品种很难酿造而成的复杂口味，受到了人们大力追捧。

与高温的纳帕相比，产地“中央海岸”气候寒冷、地域特征得天独厚、面积广阔，酿造的葡萄酒如法国葡萄酒般雅致。加利福尼亚葡萄酒的一大魅力还在于各产地葡萄酒的个性不尽相同。此外，热衷于有机种植法的门多西诺，因电影《杯酒人生》而知名的圣巴巴拉等，将加利福尼亚葡萄酒的魅力扩散到多个方面。

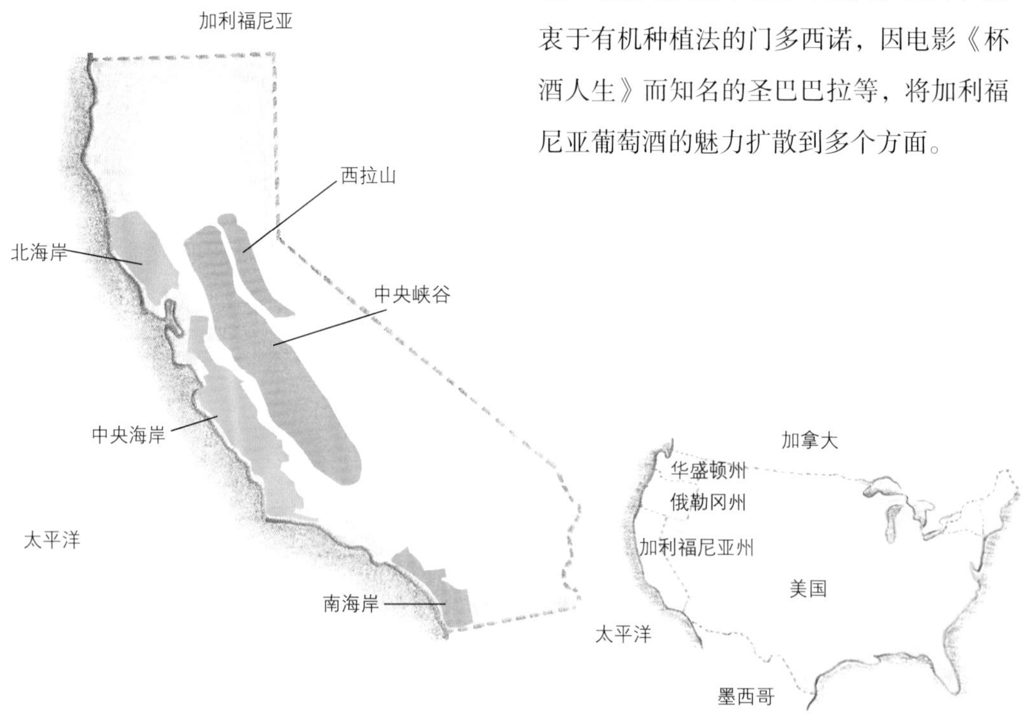

加利福尼亚的主要葡萄酒产地

〈纳帕谷〉

纳帕谷似乎已经成了加利福尼亚葡萄酒的代名词，倘若没有纳帕谷，也就没有加利福尼亚葡萄酒了。在1976年巴黎品酒会之后，加利福尼亚葡萄酒之所以能闻名于世界，便是纳帕谷的功劳。可以说，纳帕谷是加利福尼亚酿造最高价位葡萄酒的知名产地。街道两旁林立着商业化酿造厂。据说，每年的观光旅游人数多得仅次于洛杉矶的迪士尼乐园。

纳帕谷东西长约50公里，南北宽8公里，整个山谷是一个小型葡萄酒产地，葡萄酒的生产量仅占加利福尼亚的5%。可能有人会把纳帕谷当成一个整体化产地，其实纳帕谷内存在着形形色色的区域划分，例如，日照量最大的“圣赫勒拿”“阿特莱斯山”“智利山谷”“斯戴格里普地区”“杨特维尔”等地，这些地区很适合赤霞珠和梅尔诺等波尔多品种的种植。而最南端的“卡内罗斯”是寒流的经由地，气候寒冷，很适合黑皮诺和雪当利的种植。

纳帕谷凭着其知名度，不动产的价格惊人地飙升，葡萄酒的生产成本也不得不增加。此外，越来越多的生产者对面向观光游客的试饮旅馆进行了巨大投资。如今，纳帕谷产的葡萄酒价格极其昂贵。并且，因较少的生产量和评论家的高度评价，所生产的“膜拜酒”等市场价高达数十万日元，价格更有超过法国上等葡萄酒的趋势。不过最近也出现了一些无豪华商业设施的小型家族经营生产者，他们在生产性价比更高的葡萄酒。

〈索诺玛谷〉

索诺玛谷是北加利福尼亚的葡萄酒发祥地。如果说纳帕谷葡萄酒是“充满魅力的”，索诺玛谷则是“雅致的”。受来自太平洋寒流的影响，从5月份到10月份，索诺玛的夜间气温降至10℃以下。由于寒流气候会使葡萄酒产生酸味，所以酿造出的葡萄酒味道也变得十分雅致。

在索诺玛谷的北部和东部，如“白垩山”“干溪谷”“亚历山大谷”“武士谷”等产地，由于气候温暖，山粉黛、赤霞珠、梅尔诺、长相思等品种长势极佳；

而在南部和西部的凉爽地域，如“索诺玛海岸”“索诺玛县绿谷”等地，则以雅致的黑皮诺和雪当利为主。

〈蒙特雷〉

在中央海岸的产地中，蒙特雷是与纳帕、索诺玛并驾齐驱的知名酿造地。该产地从萨利纳斯溪谷延至蒙特雷海岸，气候及地形十分复杂。是加利福尼亚种植葡萄品种最多的地区，堪称葡萄栽培的圣地。蒙特雷气候寒冷，与南部的巨大气候差异，形成了气压。在此气压的影响下，该地区经常有强风吹过。强度很大，以至于当地人将此风称为“冷气机”。

在20世纪70年代，蒙特雷的葡萄酒酿造商很少，几乎都是与纳帕知名酿造商签订协议的葡萄栽培农户。蒙特雷具有悠久的葡萄栽培历史，其中有很多先驱生产者，在有机栽培的下一阶段，即可持续农业（保全农法）中不断进步发展。他们不仅只使用有机农法，还使用高超技术及科学性研究，高效率地进行葡萄的酿造，以此来适应大型酿造商的需要。如今，蒙特雷陆续出现了很多酿造商，得到人们的高度关注。

在蒙特雷，有许多小型葡萄酒产地，其中，“圣塔露西亚高地”“卡蒙”“阿洛约·塞科”等地气候寒冷，所栽培的黑皮诺、雪当利、威士莲等十分有名气。特别是黑皮诺，其品质在整个加利福尼亚都堪称是顶级的。

从距离蒙特雷数千米的城镇到山谷之间的山岳地带“卡梅尔谷”，不仅海拔高，而且日照量大，因此，所酿造的葡萄酒口感醇厚，主要以赤霞珠、梅尔诺、品丽珠等红葡萄为核心。向陡峭地形扩散的葡萄田，由于不同的区域划分，葡萄味道会不尽相同，所酿造的葡萄酒味道也会复杂多样。几乎超越了法国波尔多名酒的烈性葡萄酒就隐藏在卡梅尔谷！

〈门多西诺〉

人们普遍认为门多西诺地区的气候对于葡萄的栽培过于寒冷严酷，然而正因如此，它很适合酸性天然葡萄的栽培。一部分葡萄农家在河岸溪谷处就有自己的葡萄田，他们通过有机栽培，种植质量上乘的葡萄，甚至还会与纳帕等地区的知名酿造厂签订协议。与纳帕及索诺玛相比，门多西诺的酿造商极少，只是零星分布着些许小型酿造厂。该产地距离圣弗朗西斯科较远，这里居住着许多提倡回归自然的“嬉皮派”，这里有机栽培农业也十分盛行。

在门多西诺，气候最炎热的“红木谷”很适合山粉黛和赤霞珠的栽培，生产

了许多知名的红葡萄酒。此外，在因起泡葡萄酒著名的“安德森谷”，栽有很多纯酸性的琼瑶浆、威士莲、雪当利等。特别是在瓶内进行二次发酵而成的起泡葡萄酒，可以说是该产地的知名产品。门多西诺由个性丰富的居民共同体构成，所酿造的葡萄酒风格自由、富有个性，让饮用者心情十分愉悦。

〈圣巴巴拉〉

以电影《杯酒人生》为媒介，圣巴巴拉一下子得到了人们的关注。该地酿造的葡萄酒被称为“海风之酒”，这主要是由于地形的缘故——溪谷与太平洋相对，呈直角，即使距海岸35千米远的葡萄田，也能沐浴到海风。海风使内陆温度骤降，因此所种植的葡萄味道饱满。

该地区产地分为“圣达玛利亚”“圣塔伊尼兹”“桑塔丽塔”三处，每处都有独特的气候，都零星分布着专营酿造厂，特别是果味丰富的黑皮诺很有名气。同时，该产地还酿造烈性西拉、富有香气的雪当利、浓郁型维奥涅尔等，这些葡萄酒都使人们获得了高酒精度及馥郁感的享受。

〈西拉山〉

西拉山位于内华达山脉西侧的斜坡上，距海较远，属于内陆地区，是一个沙漠遍布的峡谷，海拔在3000米以上。日照时间长，白天温暖干燥；傍晚时分，从山顶吹下来的冷风使葡萄田的温度骤降，这种气候对葡萄的味道影响很大。

西拉山的山粉黛、西拉、圣祖维斯、巴贝拉、维奥涅尔、奥兰治麝香等很有名气。特别是山粉黛，有很多树龄甚至超过100年。西拉山是淘金热时代繁荣兴盛之地，许多移民在此地种植各种品种，特别是由意大利移民种植的维蒙蒂诺等葡萄酿造的意大利品种葡萄酒，被称为“加利大利”（加利福尼亚、意大利的缩略语），深得人们的厚爱。

20世纪90年代以后开始种植的当地品种山粉黛，因较高的受欢迎程度，使得当地出现了众多酿造商。其中，家族化经营的小型酿造商多达70家，不过至今还有许多酿造商仍未为人所知。

美国的其他地区

华盛顿州

在美国，华盛顿的葡萄酒生产量位居第2，仅次于加利福尼亚州。受喀斯喀特山脉的影响，西海岸和东部气候差异明显。西海岸降雨量大，而从喀斯喀特山脉以东的产地天气干燥、气候温暖，且日照时间长，正因为如此，98%的华盛顿州葡萄酒田集中于东部。在喀斯喀特山脉的树木能够抵御葡萄根瘤蚜（葡萄的天敌）的侵袭。直至现在，东部还种有天然葡萄树。加利福尼亚气候十分干燥，这使得葡萄可以远离病虫灾害。作为健康葡萄的产地，华盛顿州同样得到人们的关注。

该地的威士莲、琼瑶浆等白葡萄品种长势良好，同时该地也非常适合红葡萄的生长。华盛顿州的日照时间比纳帕谷还要长2个小时，赤霞珠、梅尔诺、西拉等栽培均十分成功。

华盛顿州最大的葡萄酒产地“哥伦比亚谷”，生产规模占全州1/3。亚基马山谷、瓦拉瓦拉山谷、赤山等产地，以口味醇厚的红葡萄酒为中心，酿造着多样化的葡萄酒。

华盛顿州的葡萄酒从未离开人们的视线，甚至人们认为，它终有一天会超过加利福尼亚州。

俄勒冈州

俄勒冈的葡萄酒产业始于20世纪60年代。最初先驱们试着探寻适合俄勒冈气候的品种时，由于当地气候凉爽，他们便着手酿造黑皮诺葡萄酒，并取得了巨大成功。如今，在俄勒冈州约有395家酿造厂，酿造厂数量在美国各州排名第3位。其中，黑皮诺是主要品种，当然也有其他品种，如威士莲、黑皮诺、白皮诺、雪当利等。俄勒冈州的北部酷似勃艮第的产地“威拉米特谷”，所酿造的黑皮

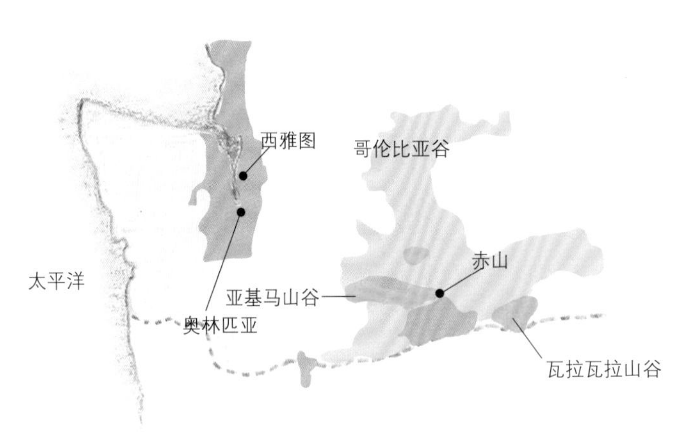

俄勒冈州

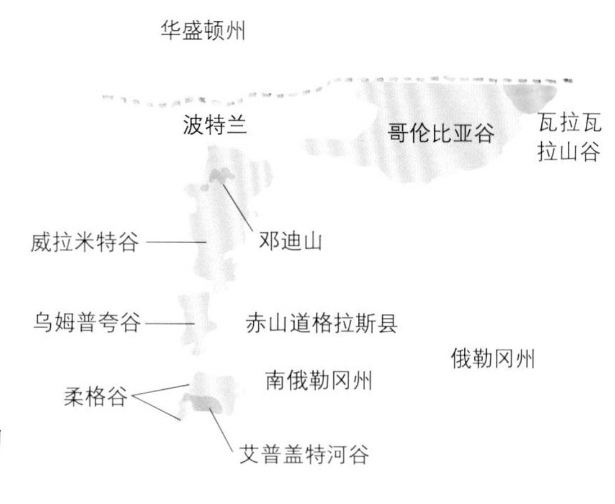

诺出类拔萃，其中不乏一些毫不逊色于勃艮第的世界级葡萄酒。

俄勒冈州南部的“安普奎河谷”“诺克河谷”等地比威拉米特谷的降水量少，气候温暖，所以酿造了大量雪当利、黑皮诺、赤霞珠、梅尔诺、长相思及其他品种的杂交品种。

根据联邦法的规定，在酒标上标注州名时，要求葡萄酒中的葡萄至少有75%生长于该州。而俄勒冈州法更加严格，要求必须达到90%以上。俄勒冈州是一个值得期待的葡萄酒产地。

纽约州

与西海岸相比，东海岸的气候条件非常严酷。事实上，高湿度和冬季骤冷并不适合葡萄的栽培。至今，纽约州虽然尝试种植了许多欧系品种，但均以失败告终。最终，欧系品种与美系品种杂交后形成的“杂交品种”被大面积种植。杂交品种对严酷的气候条件具有顽强的抵抗力，成为纽约州的主要品种。

之后，纽约州的酿造厂急剧增加，截至2004年，已经达到了203家。纽约州成为仅次于加利福尼亚、华盛顿州、俄勒冈州的葡萄酒产地。其中，“手指湖”占纽约州葡萄酒产量的85%。此外，在“长岛”“伊利湖”“哈得逊河谷”等地，小型酿造商正在打造个性十足的葡萄酒。

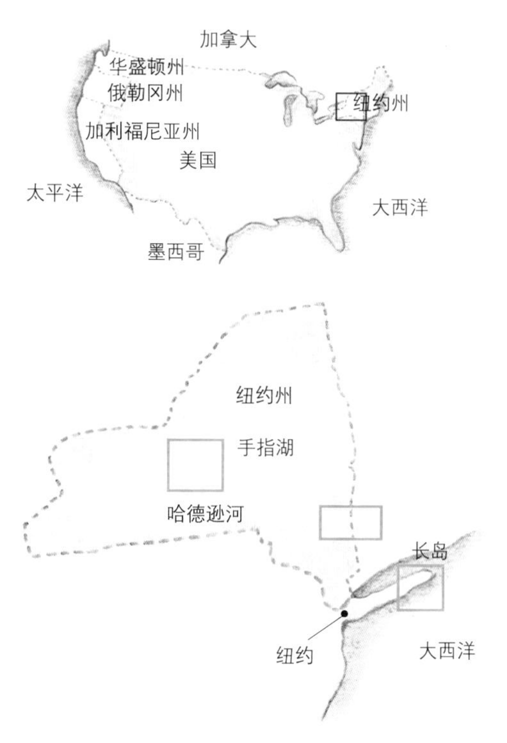

纳帕谷

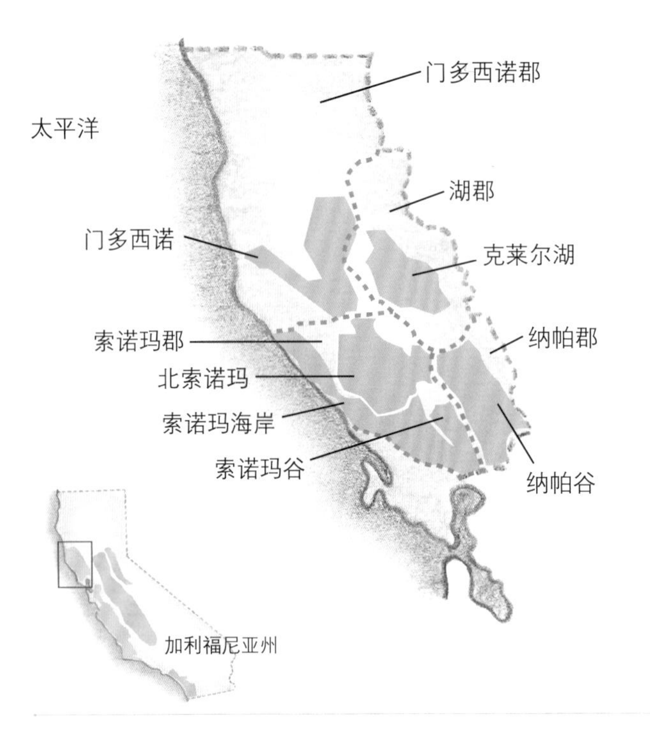

纳帕谷是美国具代表性的知名酿造地，自北向西约50千米，最宽流域约8千米，地区面积很小。该地生产出很多高级葡萄酒的同时，生产者也会使用纳帕优质葡萄进行葡萄酒的酿造，葡萄酒价格非常低廉。

Mahoney Pinot Noir

马奥尼黑皮诺红葡萄酒

使用100%庄园葡萄
味道纯粹、在全美国都很受欢迎

在纳帕和索诺玛之间的罗斯卡内罗产地上有一个小型葡萄园，葡萄园的主人弗朗西斯・马奥尼，在加利福尼亚大学戴维斯分校进行了长达12年的黑皮诺品种研究，对黑皮诺了如指掌。他把"使用100%庄园葡萄，酿造黑皮诺的王者之王"作为自己的理念。如今，退出酿造工作之后，他开始致力于160英亩葡萄田的栽培和管理，努力从事葡萄的研究和品质的提高。他一共种植了七块黑皮诺葡萄田，葡萄的个性不尽相同。通过混合，葡萄酒的味道变得复杂且浓烈。同时，尽量控制酒樽的使用，使酿造而成的葡萄酒味道纯粹无杂质。

◆色泽：红
◆品种：黑皮诺
◆原产地：AVA罗斯卡内罗
◆生产商：马奥尼葡萄园
◆价格范围：2500~2999日元

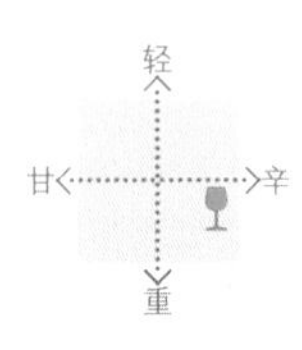

Waterstone Cabernet Sauvignon

维斯特赤霞珠红葡萄酒

烈性中带着优雅
味道复杂且均衡

该酿酒厂以“酿造物美价廉的纳帕葡萄酒”为宗旨，指定购买知名庄园的葡萄，酿造最上等的葡萄酒。它开创于2000年，由出生于德国的著名酿家菲利普·约翰和在博伟酿造厂负责酿造的布兰特·肖特里奇二人共同创办。约翰自1984年便在帕拉伊索庄园、特里尔、阳光圣赫勒拿等处一直从事酿造工作，可谓是酿酒专家。肖特里奇曾担任过纳帕谷生产者工会（NVVA）的市场总监，现在是加利福尼亚葡萄酒协会的国际市场责任部长，是一位与众多生产者有着重要关系的人物。

该赤霞珠完全使用手摘收获的成熟葡萄，葡萄来自位于纳帕谷、因“一号乐章”而知名的奥克维尔，以及卢瑟福、钻石山等知名酿造田。熟成的葡萄含有樱桃、李子、巧克力、香草等复杂味道，与核心味道单宁保持着良好的平衡。该葡萄酒对以浓烈为特征的纳帕葡萄酒进行了全新的印象改革。

◆色泽：红
◆品种：赤霞珠
◆原产地：AVA纳帕谷
◆生产商：维斯特酿造厂
◆价格范围：3500~3999日元

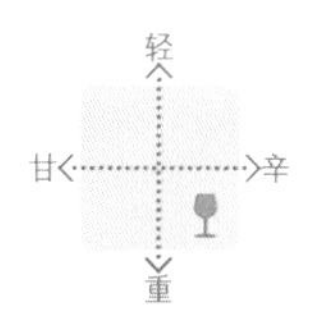

◆生产者荐言 菲利普·约翰

出生于德国的我当初为什么会在纳帕酿造葡萄酒呢？那是因为我深信，在纳帕能够栽培出全世界最优质的葡萄。然而我不得不承认，纳帕的葡萄酒是非常昂贵的，正因为如此，我下定决心，要为消费者提供价格适中且不逊色于高级纳帕的葡萄酒。我的目标是，严格筛选最优质葡萄，用新法国橡木桶使其发酵，酿造如同法国波尔多产的优雅葡萄酒。

Stonehedge Cabernet Sauvignon Reserve Napa Valley

宝石篱珍藏纳帕谷赤霞珠红葡萄酒

价格低廉、口感醇厚

萨哈比兄弟在纳帕谷的圣赫勒拿设立了该酿酒厂。与批量生产的大型酿造厂不同，他们旨在“打造价格低廉、品质上乘的手工酿造葡萄酒”。在20世纪90年代初期崭露头角后，其高品质葡萄酒大获好评，并在众多比赛中荣获嘉奖。如今，它已经成为纳帕屈指可数的优秀酿酒厂之一。该赤霞珠使用纳帕最优质葡萄田之一“Stage Coach”，需要在酒桶中进行长达30个月的发酵，其魅力在于浓浓的茴香、巧克力味及极佳的风味。

◆色泽/红
◆品种/赤霞珠
◆原产地/AVA纳帕谷
◆生产商/宝石篱酿造厂
◆价格范围/3500~3999日元

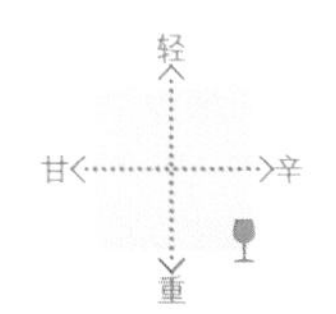

Ledgewood Creek Cabernet Sauvignon

莱治伍德小溪酒庄赤霞珠红葡萄酒

来源于得天独厚的产地
果实感浓郁

该酿造地以苏森谷为据点，位于纳帕偏东20km处，犹如神秘之地。据说这里经常刮寒风，白天炎热，夜晚寒冷，非常适合葡萄的生长。莱治伍德・克里克酿造厂，便位于此。一些酿造商指名购买这里的葡萄，葡萄收获量的85%都批发给了大型酿造厂。该酒使用单一产地中最受欢迎的葡萄进行酿造，利用法国橡木桶发酵16个月，并将两个克隆品种相混合，味道变得更加复杂馥郁。

◆色泽/红
◆品种/赤霞珠
◆原产地/AVA纳帕谷
◆生产商/莱治伍德小溪酒庄
◆价格范围/2500~2999日元

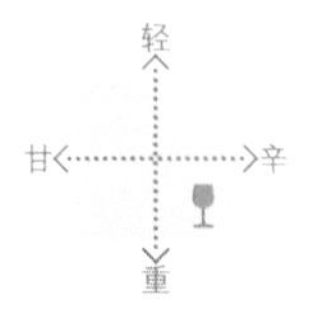

Waterstone Chardonnay
维斯特雪当利白葡萄酒

果味与众不同

柑橘、洋梨等香气均衡。令人心情舒畅的酒樽香气，优雅地包着果味。需要在100%法国橡木桶中发酵10个月。

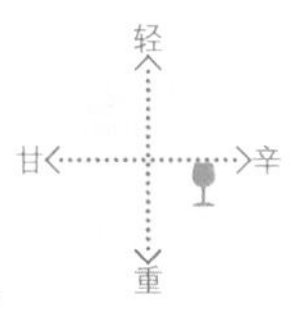

- ◆色泽/白
- ◆品种/雪当利
- ◆原产地/AVA罗斯卡内罗
- ◆生产商/维斯特酿造商
- ◆价格范围/2500~2999日元

Mahoney Vermentino
马奥尼维蒙蒂诺白葡萄酒

使用意大利品种 芳香醇白

该酒使用意大利托斯卡纳地区非常珍贵的高级品种——维蒙蒂诺。味道馥郁、果味浓郁、酸味纯粹、口感均衡。

- ◆色泽/白
- ◆品种/维蒙蒂诺
- ◆原产地/AVA罗斯卡内罗
- ◆生产商/马奥尼葡萄园
- ◆价格范围/2500~2999日元

Waterstone Merlot
维斯特梅尔诺红葡萄酒

使用完全熟成的梅尔诺 深受欢迎的红葡萄酒

该酒仅使用法国橡木发酵15个月。李子、茴香等丰富口味，与柔和的单宁保持着绝妙的平衡。令饮者口齿留香，久久回味。

- ◆色泽/红
- ◆品种/梅尔诺
- ◆原产地/AVA纳帕谷
- ◆生产商/维斯特酿造商
- ◆价格范围/2500~2999日元

Fleur Vin Gris Pinot Noir
花香灰皮诺玫瑰红葡萄酒

令人愉悦、充满魅力的玫瑰红

该酒将罗斯卡内罗黑皮诺的特征表现地淋漓尽致。清新的黑皮诺口味与芳香的香气显著，亦有香草般清爽风味。

- ◆色泽/玫瑰红
- ◆品种/黑皮诺
- ◆原产地/AVA罗斯卡内罗
- ◆生产商/马奥尼葡萄园
- ◆价格范围/2000~2499日元

Stonehedge Terroir Select Sauvignon Blanc/Sémillon
宝石篱泰勒瓦精选赛美蓉长相思

根据葡萄品种选择产地 限定款系列

酒樽熟成散发的芬芳香气，与清新青苹果般味道完美融合。赛美蓉增加了口味的复杂化，使其口感更加丰富。

- ◆色泽/白
- ◆品种/赛美蓉、长相思
- ◆原产地/AVA纳帕谷
- ◆生产商/宝石篱酿造商
- ◆价格范围/2500~2999日元

Dominus
多米诺斯葡萄酒

波尔多莫意克酒庄打造的极品赤霞珠

细腻的单宁，润滑的口感，弥漫着樱桃及莓果等新鲜红色水果系果香，优雅十足，属于温柔女性化的葡萄酒。

- ◆色泽/红
- ◆品种/赤霞珠、品丽珠、比特福多
- ◆原产地/AVA纳帕谷
- ◆生产商/多米诺斯庄园
- ◆价格范围/15000~15999日元

Grgich Hills Zinfandel
哥格山庄山粉黛红葡萄酒

唯美的紫色、丰富的味道
浓郁的余香、耐人寻味

迈克·格吉驰黑尔创立了被称为“雪当利之王”的蒙特雷纳酒庄。出身于克罗地亚的他，在美国实践了父亲在本国研究的“自然动力农法”，如今，他已经成为了加利福尼亚代表性酿造商。来自于他祖国——克罗地亚的山粉黛，单宁温和、酸味适度、莓果丰富、口味复杂，具有熟成黑莓和李子的香气。含在口中，既能品到新鲜的黑莓香，又能品到酒樽散发的温和芬芳的橡木香，让人不禁想慢慢享用。

- ◆色泽/红
- ◆品种/山粉黛
- ◆原产地/AVA纳帕谷
- ◆生产商/哥格山庄
- ◆价格范围/6000~6499日元

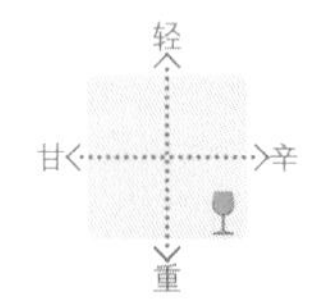

Chateau Montelena Chardonnay
蒙特雷纳酒庄雪当利白葡萄酒

世界公认的极品加利福尼亚葡萄酒

1976年，该葡萄酒在巴黎举行的历史性品酒大会上获得冠军。此酒微妙透澈的味道，使加利福尼亚葡萄酒的高水平名扬世界。然而之后，它又遭遇了举步维艰的日子。在禁酒法时代，该葡萄酒长时间被冷落。所幸后来它又顺利获得了重生。今天，蒙特雷纳作为加利福尼亚顶级酿造厂，在全世界拥有极高的人气，并以此为傲。它味道美妙，富有透明感，全身散发着优雅的气息。

- ◆色泽/白
- ◆品种/雪当利
- ◆原产地/AVA纳帕谷
- ◆生产商/蒙特雷纳酒庄
- ◆价格范围/6500~6999日元

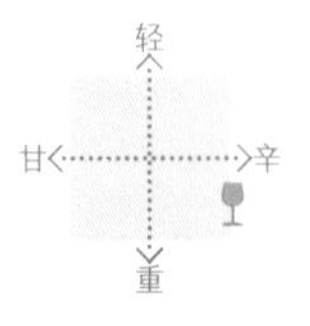

Shafer Hillside Select Cabernet Sauvignon
思福酒园山边精选赤霞珠红葡萄酒

得到世界高度评价的赤霞珠

1988年，该葡萄酒在德国举行的国际性“遮目品酒”会上获得冠军。其特征是黑巧克力、香草、香料的风味，及柔和的单宁。

- ◆色泽/红
- ◆品种/赤霞珠
- ◆原产地/AVA纳帕谷
- ◆生产商/思福酒园酿造商
- ◆价格范围/25000~29999日元

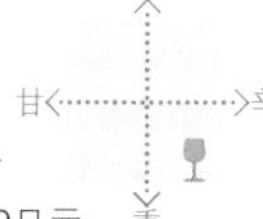

Screaming Eagle
鸣鹰葡萄酒

最佳收藏系列

在2000年的慈善拍卖会上，该酒以50万美金竞拍成功，成为世界顶级的赤霞珠。它具有黑醋栗甜酒浓烈的香气和极其丰富的口味。

- ◆色泽/红
- ◆品种/赤霞珠
- ◆原产地/AVA纳帕谷
- ◆生产商/鸣鹰酒庄
- ◆价格范围/298000日元

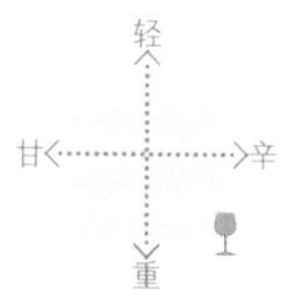

Schramsberg Blanc de Noirs Brut
世酿伯格黑中白起泡葡萄酒

果味浓郁
正宗起泡葡萄酒

该酒利用传统的香槟酒酿法进行酿造。味道上乘，具有黑皮诺独有的葡萄醇香和甘甜。适合搭配分量较轻的肉菜及意大利调味饭等。

- ◆色泽/起泡葡萄酒
- ◆品种/黑皮、莫尼耶皮诺
- ◆原产地/AVA加利福尼亚
- ◆生产商/世酿伯格
- ◆价格范围/4500~4999日元

Beaulieu Vineyard Cabernet Sauvignon Georges de Latour Private Reserve
宝露庄园拉图尔私人珍藏赤霞珠红葡萄酒

具有强烈浓缩感的香气

宝露庄园，为如今的加利福尼亚葡萄酒打下了坚实基础，以具有百年以上历史为傲。所酿造的葡萄酒优雅，且具有惬意的单宁味。

- ◆色泽/红
- ◆品种/赤霞珠
- ◆原产地/AVA纳帕谷
- ◆生产商/宝露庄园
- ◆价格范围/18000日元以上

Harlan
贺兰红葡萄酒

完美出众受追捧

与众不同的凝缩感、复杂感、浓烈的口味及雅致的单宁。每种感觉都是那么地优雅，并且达到绝妙的均衡。悠长的余味充满诱惑力。

- ◆色泽/红
- ◆品种/赤霞珠
- ◆原产地/AVA纳帕谷
- ◆生产商/贺兰
- ◆价格范围/50000日元以上

Clos du Val Reserve Pinot Noir
谷之华酒庄珍藏黑皮诺红葡萄酒

芬芳的香气
诱人的黑皮诺

酿造商旨在运用“纳帕谷果味与欧洲传统酿造手法的融合”，给人留下华贵、富有樱桃香味的印象。香气与单宁达到完美和谐的状态。

- ◆色泽/红
- ◆品种/黑皮诺
- ◆原产地/AVA罗斯卡内罗
- ◆生产商/谷之华酒庄
- ◆价格范围/7000~8000日元

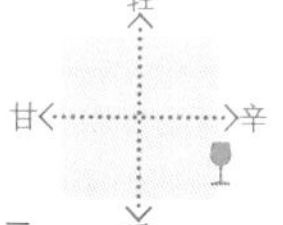

Stag's Leap CASK23
鹿跃酒庄CASK23系列红葡萄酒

充分发挥产地特性的名门酿造商

100%使用适合赤霞珠栽培的自家田葡萄，酿造出的葡萄酒以丰富的矿物质及浆果系列的香气为特色，口味复杂、韵味十足。

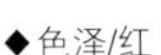

- 色泽/红
- 品种/赤霞珠
- 原产地/AVA纳帕谷
- 生产商/鹿跃酒庄
- 价格范围/27500~27999日元

轻 / 甘 / 辛 / 重

Robert Mondavi Cabernet Sauvignon Reserve
罗伯特蒙大维珍藏赤霞珠红葡萄酒

酒体优雅

该葡萄酒使用具有“顶级品质”“顶级之美”之称的凯龙庄园的赤霞珠。黑色天然水果味，再加上香气，这种微妙味道的确与众不同。

- 色泽/红
- 品种/赤霞珠
- 原产地/AVA纳帕谷
- 生产商/罗伯特蒙大维
- 价格范围/13500~13999日元

轻 / 甘 / 辛 / 重

Opus One
1号乐章红葡萄酒

绝对烈性的最高级葡萄酒

由菲利普罗斯柴尔男爵和罗伯特蒙大维联手打造。柔和的味道和润滑的口感，妙不可言。

- 色泽/红
- 品种/赤霞珠、品丽珠、比特福多、马尔白克
- 原产地/AVA纳帕谷
- 生产商/一号乐章酒园
- 价格范围/25000日元以上（因葡萄收获年份而异）

轻 / 甘 / 辛 / 重

Caymus Special Selection Cabernet Sauvignon
嘉莫斯特选赤霞珠红葡萄酒

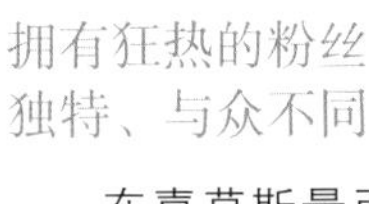

拥有狂热的粉丝 独特、与众不同

在嘉莫斯最引以为傲的赤霞珠中，此葡萄酒达到了最高级别。烟熏的香味、黑莓及黑醋栗般丰富的香气，充满了诱惑性。

- 色泽/红
- 品种/赤霞珠
- 原产地/AVA纳帕谷
- 生产商/嘉莫斯庄园
- 价格范围/20000~30000日元

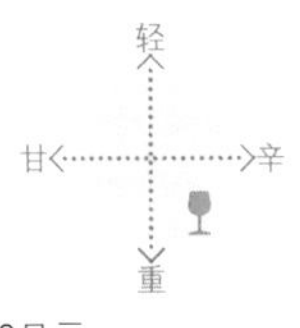

轻 / 甘 / 辛 / 重

索诺玛谷

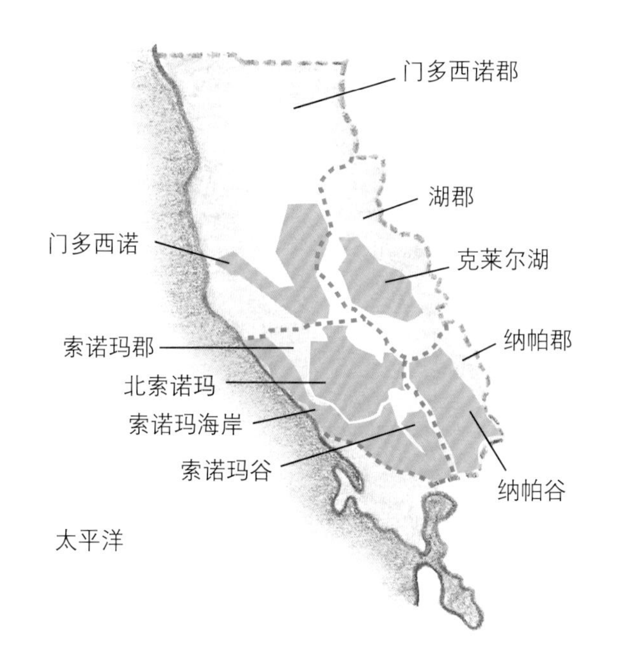

索诺玛谷是20世纪初期传道士开始酿造加利福尼亚葡萄酒的发祥地。“优雅”是该地葡萄酒的最大特征。来自太平洋的寒流赋予了葡萄酸性，最终酿造而成的葡萄酒十分优雅。

Haywood Rocky Terrace Zinfandel
海伍德庄园洛基特瑞斯山粉黛红葡萄酒

加利福尼亚代表性品种
完美地诠释着山粉黛的魅力

在加利福尼亚，说到与纳帕并驾齐驱的知名酿造地，可以说就是索诺玛谷。它作为赤霞珠和梅尔诺产地，非常有名。同时不能忽略，该地的山粉黛在加利福尼亚也有超高的人气。该葡萄酒品种自从在加利福尼亚栽培，已有150年以上的历史。由其酿造的葡萄酒多以白山粉黛及甜红葡萄酒式甘甜口味为主。然而，发挥其真正价值的还是浓烈醇厚的红葡萄酒。它那让人感到甘甜的果味与润滑的单宁达到完美的平衡，虽然酒精度高，但不过于浓烈，口感强劲有力。

- ◆色泽/红
- ◆品种/山粉黛
- ◆原产地/AVA索诺玛谷
- ◆生产商/海伍德庄园
- ◆价格范围/5000~5499日元

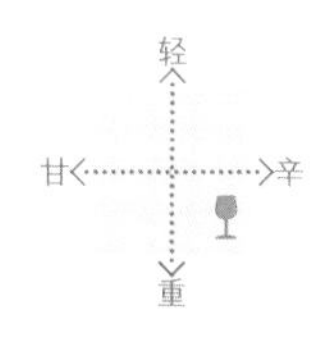

Stonehedge Terroir Select Cabernet Sauvignon

宝石篱泰勒瓦精选赤霞珠红葡萄酒

精选优质葡萄
酿造口感香醇的上等红葡萄酒

1992年，萨哈比兄弟在圣赫勒拿创建宝石篱酿造厂，旨在“打造价格低廉、品质上乘的手工酿造葡萄酒”。与批量生产的大型酿造厂不同，他们以生产高品质葡萄酒为目标。随后，其高品质葡萄酒大获好评，并在众多比赛中荣获嘉奖。从20世纪90年代初期崭露头角之后不久，便开始蝉联“名酿造厂”之名。

本款特勒瓦特选是宝石篱根据葡萄品种选产地的限量款系列，以亚历山大谷单一葡萄田的赤霞珠为原料。

精酿而成的红葡萄酒，让人们尽享加利福尼亚般果味，屡饮不厌。其味道优雅均衡，融合多种果实精华，单宁味细腻润滑，让人口齿留香，心情舒畅。

- ◆色泽/红
- ◆品种/赤霞珠
- ◆原产地/AVA亚历山大谷
- ◆生产商/宝石篱酿造商
- ◆价格范围/2500~2999日元

◆生产者荐言　　**约翰·亚历山大**

我十几岁时便开始酿造葡萄酒，亲眼目睹了加利福尼亚葡萄酒的历史。曾经需要从别处购买优质美酒的纳帕，如今却以高品质葡萄酒著称。其中，我们宝石篱酿造厂，一心酿造散发着天然香气的优质葡萄酒。在高要求的性价比方面有着绝对的自信，请您细细品尝！

Gary Farrell Pinot Noir
法雷尔酒厂黑皮诺红葡萄酒

充分熟成的葡萄、浓缩的美味

加里法雷尔的初次酿造是在1982年，当时由艾伦庄园和洛溪庄园联合酿造的“俄罗斯河谷”在美国是最吸引人的葡萄酒之一。随后，它的高品质仍得到人们的高度评价。2000年，加里法雷尔葡萄酒终于在俄罗斯河谷有了自己的酿造厂。俄罗斯河谷气候优越，使葡萄在保持着天然酸性的同时，稳步均衡地催熟。酿造出来的葡萄酒风味浓缩，口感舒畅优雅。

- ◆色泽/红
- ◆品种/黑皮诺
- ◆原产地/AVA俄罗斯河谷
- ◆生产商/法雷尔酒厂
- ◆价格范围/6000~6499日元

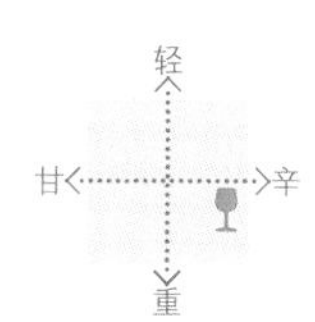

专栏 美国葡萄酒小知识

欧洲葡萄酒经常会提到“等级”，而以美国为首的新世界葡萄酒，却很少讲这个词。相对地，人们会提到“品种”，例如将葡萄酒分为“优良葡萄酒”“专属名牌酒”“普通餐用酒”。不过这并不是排名，而是区分葡萄酒类型的方法。此外，优良产地会受到法律的保护，这些获得政府认定的葡萄酒，被称为AVA。

下面，就向大家介绍一些在美国葡萄酒中经常提到的用语。

●优良葡萄酒

突出每种葡萄的特征。在酒标上标明的葡萄品种，表示该酒中至少有75%为此种葡萄。“优良葡萄酒”在上等葡萄酒中较为常见。

●专属名牌酒

由数种高级品种葡萄混合酿造。多数情况下，酿造商有自己的专属名字。

●普通餐用酒

使用数种葡萄混合酿造的廉价葡萄酒。主要面向能够自由饮用的餐酒。

●AVA

American Viticultural Areas各单词的首字母，表示“产地认定制度”。与法国的AOC及意大利的DOC一样，起到指定保证优质葡萄酒的作用。

AVA制度只是规定了产地的境界线，而并未像欧洲那样，还对品种的栽培及酿造进行规定。

主要的AVA有“纳帕谷”“圣赫勒拿”“斯戴格里普地区”“索诺玛谷”“白垩山”“干溪谷”“蒙特雷”“圣达玛利亚谷”等。

●膜拜酒

指生产量少，在拍卖会上通常以高价拍得，不易得到的葡萄酒。最初，只有专业葡萄酒杂志对其进行过高度评价，而从20世纪90年代开始，在美国被人们广泛谈论。

●小规模酿造厂

规模较小，更重视葡萄酒质量的酿造厂，以家族化经营居多。

Simi Cabernet Sauvignon Reserve

思美珍藏赤霞珠

继标准赤霞珠之后，值得一尝的
珍藏赤霞珠

将96%赤霞珠与4%比特福多相混合，利用法国橡木酒桶发酵24个月。酿造出来的葡萄酒风格是该酿造厂所独有的，它具有超越标准赤霞珠的浓缩感和馥郁感以及美妙的酸味。优质典雅，而不仅仅是浓烈。

- ◆色泽/红
- ◆品种/赤霞珠、比特福多
- ◆原产地/AVA亚历山大谷
- ◆生产商/思美酿造商
- ◆价格范围/8500~8999日元

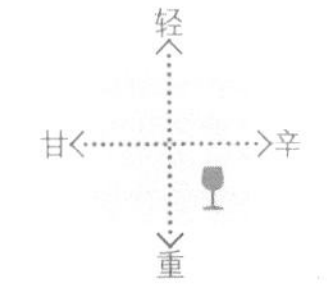

Patz & Hall Sonoma Coast Pinot Noir

帕兹和霍尔索诺玛海岸黑皮诺红葡萄酒

索诺玛海岸黑皮诺
源于葡萄田主人和酒樽制造者的厚爱

1988年，两个人一时性起，进行了葡萄酒酿造，就这样，佩茨和哈尔的历史便开始了。他们并没有自家葡萄田，而是从加州首屈一指的葡萄田那里获得优质果实，利用最新的酿造设备进行酿造。佩茨和哈尔被这样评价：兼备丰满润滑和细腻的风格。

- ◆色泽/红
- ◆品种/黑皮诺
- ◆原产地/AVA索诺玛海岸
- ◆生产商/帕兹和霍尔
- ◆价格范围/5500~5999日元

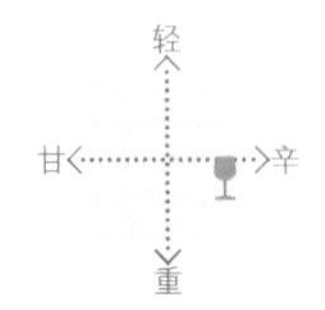

Chalk Hill Furth
白垩山弗斯红葡萄酒

在当地也不易得到的珍贵葡萄酒

该葡萄酒以赤霞珠为主体，是通过与波尔多相混合酿造而成的限量版葡萄酒。它需要发酵7个月后，进行品种混合，然后再在法国橡木桶里发酵14个月，最终成为顶极葡萄酒。

- ◆色泽/红
- ◆品种/赤霞珠、梅尔诺、品丽珠
- ◆原产地/AVA索诺玛县绿谷
- ◆生产商/白垩山酿造商
- ◆价格范围/15000日元以上

轻
甘 辛
重

Schug Carneros Pinot Noir
诗查戈・卡尼洛斯黑皮诺红葡萄酒

宛如纯天然葡萄汁般

与法国葡萄酒相近，因古典的风格而被人们熟知。润滑的口感与酸味达到完美的平衡，再加上柔和的单宁，余味长留齿间。

- ◆色泽/红
- ◆品种/黑皮诺
- ◆原产地/AVA罗斯卡内罗
- ◆生产商/舒格
- ◆价格范围/4500~4999日元

轻
甘 辛
重

Kistler McCrea Vineyard Chardonnay
奇斯乐酒庄麦克雷酒园雪当利白葡萄酒

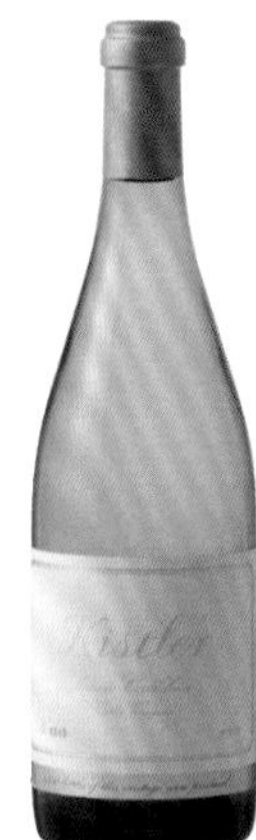

由雪当利打造
高品质的白葡萄酒

该酒以天然酵母为主体进行发酵，丙乳酸发酵和熟成均在小酒樽中进行。酿造而成的白葡萄酒浓缩了醇厚的黄油和果仁的香气。

- ◆色泽/白
- ◆品种/雪当利
- ◆原产地/AVA索诺玛山
- ◆生产商/奇斯乐酒庄
- ◆价格范围/15000日元以上

轻
甘 辛
重

Pedroncelli Syrah
佩琼切利西拉红葡萄酒

来自葡萄酒老字号
易于饮用

该品种自家田位于干溪谷，已有30年以上的历史。因为使用的熟成葡萄含糖量较高，所以酿造而成的葡萄酒口感浓郁香醇。

- ◆色泽/红
- ◆品种/西拉
- ◆原产地/AVA干溪谷
- ◆生产商/佩琼切利
- ◆价格范围/2500~2999日元

轻
甘 辛
重

Flowers Camp Meeting Ridge Pinot Noir
花之营地山黑皮诺红葡萄酒

个性独特的黑皮诺

葡萄田及酿造设备均位于海拔很高的海岸山脉中。由于同时能拥有强烈的阳光照射和冷空气的产地非常少，所以该地酿造的葡萄酒味道真是极为罕见。

- ◆色泽/红
- ◆品种/黑皮诺
- ◆原产地/AVA索诺玛海岸
- ◆生产商/花之酒庄
- ◆价格范围/15000日元以上

轻
甘 辛
重

Martinelli Road Chardonnay
马丁南尼路雪当利白葡萄酒

由女性葡萄酒酿造师亲手打造的白葡萄酒

该酿造厂始于1896年，在历史上很有名气。如今，加利福尼亚的代表性女酿造师海伦・戴利女士担任该厂厂长，所酿造的葡萄酒果味浓郁、酸味纯粹。

- ◆色泽/白
- ◆品种/雪当利
- ◆原产地/AVA索诺玛海岸
- ◆生产商/马丁南尼酿造商
- ◆价格范围/5500~5999日元

Kosta Browne Pinot Noir
科斯塔布朗黑皮诺起泡葡萄酒

地道的超一流葡萄酒

酿造者将在餐厅打工时赚的小费一点点积攒起来，然后购买少量葡萄便开始了葡萄酒的酿造，最终实现了自己的梦想，酿造出了一流的黑皮诺。

- ◆色泽/起泡葡萄酒
- ◆品种/黑皮诺、莫尼耶皮诺、雪当利
- ◆原产地/AVA俄罗斯河谷
- ◆生产商/科斯塔布朗
- ◆价格范围/9500~9999日元

Domaine Chandon Brut Classic
道门酒庄经典起泡葡萄酒

古典的烈性起泡葡萄酒

该起泡葡萄酒由高级香槟酿造厂酩悦香槟公司亲手打造，采用瓶内二次发酵方式，将凉爽的酸性发挥地淋漓尽致，味道传统而正宗。

- ◆色泽/起泡葡萄酒
- ◆品种/黑皮诺、莫尼耶皮诺、雪当利
- ◆原产地/AVA加利福尼亚
- ◆生产商/道门酒庄
- ◆价格范围/2000日元以上

Siduri Pinot Noir
西杜里黑皮诺红葡萄酒

诱人的果实味和柔和的单宁

该葡萄酒采用俄罗斯河谷优质庄园的葡萄。其丰富的口感、复杂的美味，令人留恋不已。

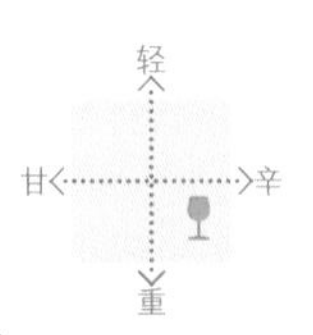

- ◆色泽/红
- ◆品种/黑皮诺
- ◆原产地/AVA俄罗斯河谷
- ◆生产商/西杜里
- ◆价格范围/4500~4999日元以上

Marcassin Vineyard Pinor Noir
马尔卡森庄园黑皮诺红葡萄酒

黑樱桃味极佳的膜拜酒

除拍卖会外，该葡萄酒不易得到，其酒体具有独特的香气和黑果实成熟后的香味。悠长的余香深受喜爱。

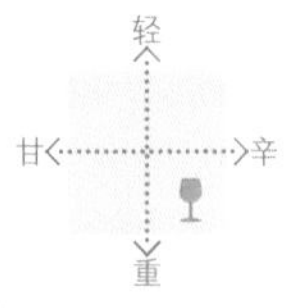

- ◆色泽/红
- ◆品种/黑皮诺
- ◆原产地/AVA索诺玛海岸
- ◆生产商/马尔卡森庄园
- ◆价格范围/50000日元以上

Silver Oak Cabernet Sauvignon
银橡木赤霞珠红葡萄酒

贯穿美国经典的红葡萄酒

该名酿造家仅酿造赤霞珠，所酿造的葡萄酒单宁和酸味十足。浓郁的味道加上些许果味，给人留下一种极品的印象，同时完美度很高。

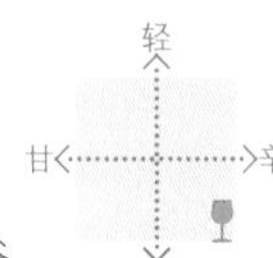

- ◆色泽/红
- ◆品种/赤霞珠
- ◆原产地/AVA亚历山大谷
- ◆生产商/银橡木酒庄
- ◆价格范围/9500~9999日元以上

Ravenswood Zinfandel Old Vine
艾文思伍德古藤山粉黛红葡萄酒

口味传统
足以表现出古木的精华

该葡萄酒具有李子、香草等芬芳香气。正因为它充分发挥了古木的特性，所以口味倍感浓郁、复杂、丰富。

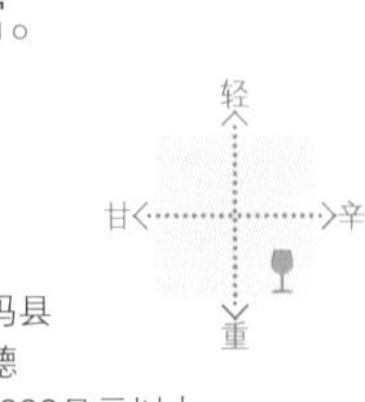

- ◆色泽/红
- ◆品种/山粉黛
- ◆原产地/AVA索诺玛县
- ◆生产商/艾文思伍德
- ◆价格范围/5500~5999日元以上

Rodney Strong Cabernet Sauvignon
罗尼斯壮赤霞珠红葡萄酒

由索诺玛最优葡萄酿造而成
口味均衡、口感浓烈

该葡萄酒以亚历山大谷赤霞珠为主体，是罗尼斯壮酒园葡萄酒的最高峰。打开酒塞后，熟成的李子和黑莓香味立刻沁人心脾。入口瞬间，先是黑醋栗及李子香气，之后又融化成黑巧克力的口感。

◆色泽/白
◆品种/雪当利
◆原产地/AVA俄罗斯河谷
◆生产商/沃特汉塞尔酒庄
◆价格范围/7500~7999日元以上

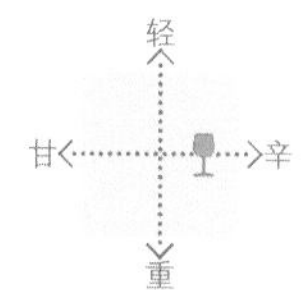

照片由加利福尼亚观光局罗伯特・福尔摩斯提供

Walter Hansel Chardonnay
沃特汉塞尔雪当利白葡萄酒

在北美地区得到高度评价的高品质雪当利

该葡萄酒的名字源自庄园主人父亲之名。该葡萄酒味道复杂、酒体醇厚，虽然是北美最高级的葡萄酒之一，但价格非常合理。

◆色泽/红
◆品种/赤霞珠
◆原产地/AVA索诺玛县
◆生产商/罗尼斯壮酒园
◆价格范围/3000~4000日元

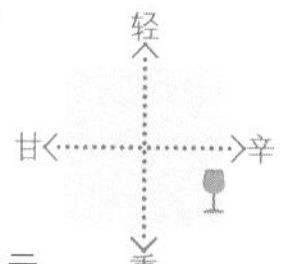

专栏 何谓有机葡萄酒

与其他食品一样，在葡萄酒的世界里，人们对“有机”的关注程度也在不断提高。所谓有机葡萄酒，一般来讲，是指采用纯天然葡萄酿造而成的葡萄酒。这些葡萄以一种健全的生态体系被栽培于土壤中，生长过程中不使用化学肥料、除草剂等农药，仅使用有机肥料。同时，基本上不使用添加剂、防腐剂等，仅使用少量对人体无害的抗氧化剂。

也有一些生产商虽然采用了有机农法，但并未在酒标上标出来。这是因为他们担心在葡萄受灾等非常时期，会迫不得已使用最低限量的农药等等。

通常，不能仅靠酒标来判断某种葡萄酒是否为有机葡萄酒，最好还是应该询问一下可信度较高的葡萄酒店店员。

Enjoy California wine!
尽情享受加利福尼亚葡萄酒吧!

加利福尼亚，无论是作为观光地，还是作为电影的拍摄地，都将葡萄酒的魅力发挥到了极限。下面，我将向大家介绍一下加利福尼亚葡萄酒畅饮之外的趣事。

照片由加利福尼亚观光局罗伯特·福尔摩斯提供

加利福尼亚是新世界的一流葡萄酒产地。如果去当地，一定要巡游一下那里的葡萄酒酿造厂。

加利福尼亚的酿造厂几乎都有独自的品尝设施，交付5~10美元（其中也有免费的）便可试饮或购买数种葡萄酒。与欧洲的酿造厂不同，这里以“享受葡萄酒”为宗旨，气氛轻松愉悦。同时，人们还可以买到许多原创物品。

热闹愉快的加利福尼亚酿造厂巡游

照片由加利福尼亚观光局罗伯特·福尔摩斯提供
行驶于“纳帕市内”至“圣赫勒拿”的“纳帕谷葡萄酒列车”。

纳帕谷大型酿造厂的葡萄酒品尝场所，宛若大人们的主题公园。在这里，人们可以观光、学习葡萄酒酿造过程，也可以举行比赛。受欢迎程度很高，被称为“大人们的迪斯尼乐园”。除纳帕谷外，其他地区的酿造厂也几乎都有葡萄酒品尝场所。

由于产地不尽相同，因此有的品尝中会摆设数十种葡萄酒。蒙特雷的“蒙特雷试饮”，便是一个充满时代气息的品尝中心，它由伊甸园庄园的理查德·史密斯创立。在这里，除了试饮，人们还可以尽情地购买葡萄酒类物品，观看蒙特雷葡萄酒电影等。

在电影中感受既苦闷又精彩的葡萄酒和人生

不能随时去当地的人们，也可以在电影中享受到加利福尼亚葡萄酒的美好。2009年10月公开放映的《杯酒人生》便是以加利福尼亚为背景的电影。主演小日向文世和生濑胜久扮演的是可怜但不可恨的40岁左右的大男人。本片主要讲述四个男女在加利福尼亚进行为期一周旅行的故事，葡萄酒作为重要配角，更加丰富了故事的情节。实际上，这部电影是2004年公开放映的美国版《杯酒人生》的翻版。原创版片也是以加利福尼亚为背景，讲述人生之路。该剧描写两个男人在旅行中发生闹剧的同时，也有令人潸然泪下的情节。也许人生正如葡萄酒般，酸甜苦辣，味道齐全。

在试饮过后，人们还可以买一些自己中意的酒瓶来收藏

总之，无论是哪个版本的电影，人们在观看后，都有想去品尝一下加利福尼亚葡萄酒的冲动，不过别忘做饮酒前的各种准备啊!

照片由加利福尼亚观光局罗伯特·福尔摩斯提供
人们早晨起床后去乘坐热气球俯首眺望葡萄田的诱人景色，享受空中漫步的精彩片刻。

《杯酒人生》
20世纪福克斯电影公司2009年 发行

20世纪福克斯电影公司与富士电视台2009年 发行

出现在日本版《杯酒人生》中的葡萄酒

- Robert Mondavi Woodbridge Merlot
  罗伯特蒙大菲酒园木桥梅尔诺
- Robert Mondavi Private Selection Pinot Noir
  罗伯特蒙大菲酒园私人精选黑皮诺
- Beringer Private Reserve Cabernet Sauvignon
  贝灵哲庄园私人珍藏赤霞珠
- Newton Vinyards The Pizzle
  纽顿庄园帕索
- Darioush Signature Cabernet Sauvignon
  大流士酒庄西格尼系列赤霞珠
- Lynmar Russian River Valley Pinot Noir
  林马尔酒庄俄罗斯河谷黑皮诺
- Frog's Leap Sauvignon Blanc
  蛙跃酒庄长相思

中央海岸北部

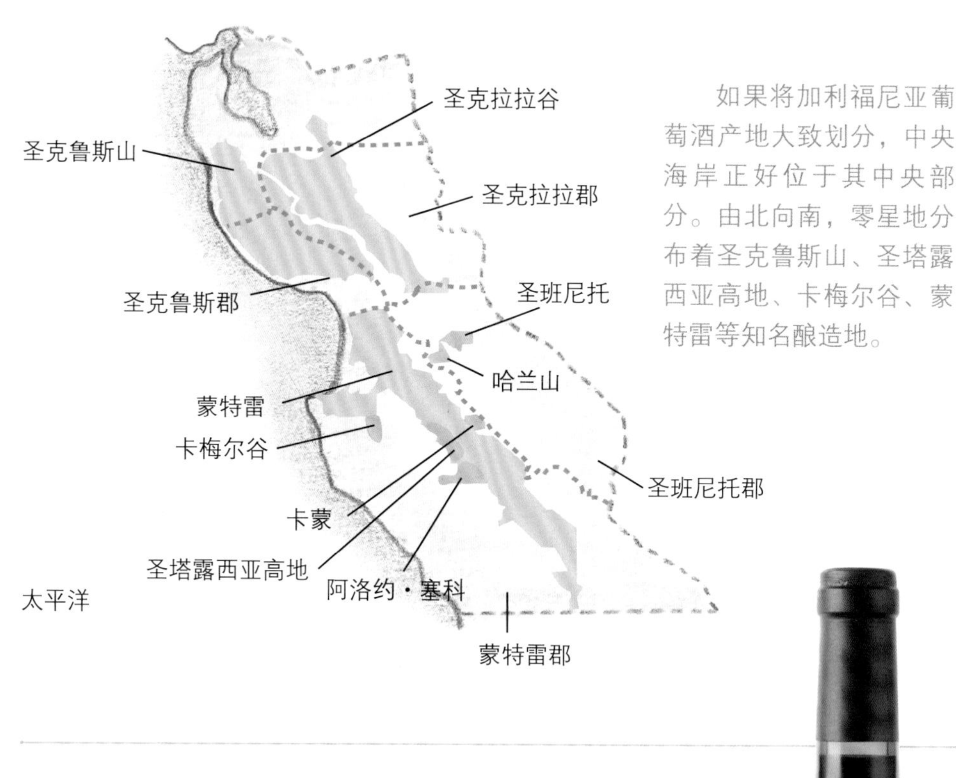

如果将加利福尼亚葡萄酒产地大致划分，中央海岸正好位于其中央部分。由北向南，零星地分布着圣克鲁斯山、圣塔露西亚高地、卡梅尔谷、蒙特雷等知名酿造地。

Georis Estate Merlot

格鲁吉亚酒园梅尔诺红葡萄酒

浓烈的单宁和复杂的香气交织

位于加利福尼亚州蒙特雷的卡梅尔谷，经常有一些优质葡萄酒酿造商零星“隐蔽”于此。沃特・若里将梅尔诺从比利时引至卡梅尔谷，并酿造出了更加卓越的梅尔诺葡萄酒。当时，他带着从法国波尔多地区生产最高级葡萄酒的“波特鲁庄园”那里继承的树苗，与精通梅尔诺的年轻酿酒师达米思一起酿造出了该葡萄酒。它浓缩感强，而且口味复杂。

事实上，该葡萄酒并未在各种正式比赛上或葡萄酒杂志上公开露面，只出售给特定客户，譬如汤姆・克鲁斯等，属于稀有版葡萄酒。

- ◆色泽/红
- ◆品种/梅尔诺
- ◆原产地/AVA卡梅尔谷
- ◆生产商/格鲁吉亚酒庄
- ◆价格范围/6500~6999日元

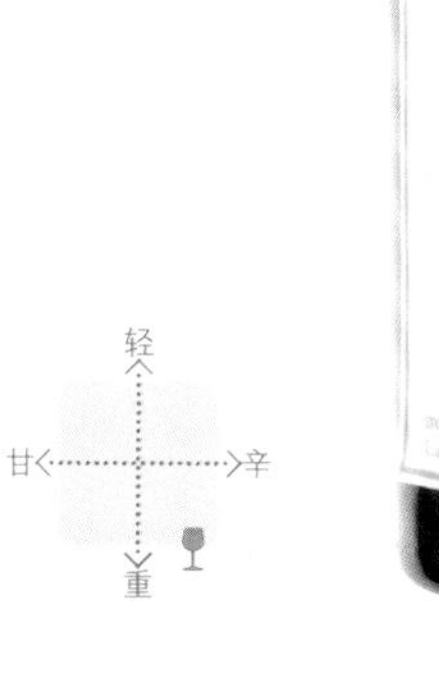

Paraiso Pinot Noir

帕拉伊索庄园黑皮诺红葡萄酒

加利福尼亚黑皮诺的一代杰作

该葡萄园位于加利福尼亚州蒙特雷之葡萄酒名产地——圣塔露西亚高地的萨利纳斯溪谷。来自太平洋的冷空气和海洋性气候最适合葡萄酒的酿造，酸度和甜度恰到好处。

庄园主人理查德·史密斯在此圣地栽培高品质葡萄酒，继而将葡萄酒批发给纳帕、索诺玛等地的著名的酿造厂。而由他亲自酿造的葡萄酒，则采用葡萄田中自家栽培最优的那些。其口味均衡醇香，毫不逊色于勃艮第的高级葡萄酒。

同时，为了使该黑皮诺产生复杂的口味，对酒樽的选择也非常挑剔。其辛辣带烟熏味的口感美妙至极，可谓一绝。那柔和与优雅同在、果味丰富的味道，也使饮用者为之陶醉。帕拉伊索庄园已经成为葡萄酒专家们都在关注的酿造商。它也在继续努力酿造不负众望的高品质葡萄酒。

- ◆色泽/红
- ◆品种/黑皮诺
- ◆原产地/AVA圣塔露西亚高地
- ◆生产商/帕拉伊索庄园
- ◆价格范围/3500~3999日元

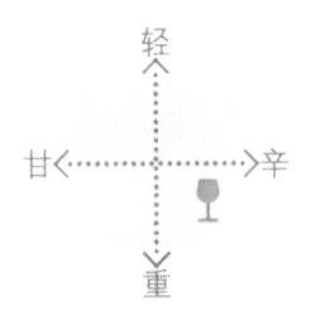

◇生产者荐言 **理查德·史密斯**

作为家庭经营式栽培专家，我们致力于葡萄的栽培，35年来始终向众多酿造商提供优质的葡萄。然而一直以来，我们都很希望能够使用严格筛选后的自家葡萄，亲自为大家送上品质上乘、价格合理的葡萄酒。就这样，我们创建了属于自己的公司品牌“帕拉伊索庄园”。我们深信，圣塔露西亚高地这片土地能够酿造出美国顶级的黑皮诺。

DearRich Pinot Noir
迪尔里奇黑皮诺红葡萄酒

与帕拉伊索庄园联合打造的黑皮诺

该葡萄酒给人们留下的印象是——口感惬意柔和。其酒体浓郁，同时人们亦可享受到轻淡的甘甜和樱桃般的果味与柔和的酸味相融合的一体感。

- ◆色泽/红
- ◆品种/黑皮诺
- ◆原产地/AVA圣塔露西亚高地
- ◆生产商/帕拉伊索庄园
- ◆价格范围/2500~2999日元

轻 甘 辛 重

Paraiso Riesling
帕拉伊索庄园威士莲白葡萄酒

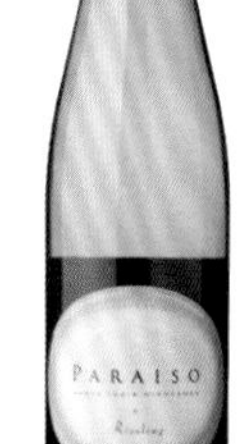

浓浓酸味、丝丝甘甜

威士莲尽情地散发着葡萄酒的清新，还夹杂着浓郁的矿物质感。它那杏仁及洋梨的果味及洒脱的酸气，让人留恋。

- ◆色泽/白
- ◆品种/威士莲
- ◆原产地/AVA圣塔露西亚高地
- ◆生产商/帕拉伊索庄园
- ◆价格范围/2000~2499日元

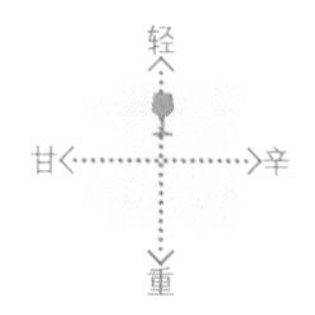

DearRich Chardonnay
迪尔里奇雪当利白葡萄酒

与勃艮第葡萄酒相媲美 在酒樽内熟成

一打开葡萄酒盖，就会飘出一股法国橡木的香气和纯雪当利的热带水果味，它虽味道复杂，却极易饮用。

- ◆色泽/白
- ◆品种/雪当利
- ◆原产地/AVA圣塔露西亚高地
- ◆生产商/帕拉伊索庄园
- ◆价格范围/2500~2999日元

轻 甘 辛 重

Paraiso Syrah
帕拉伊索庄园西拉红葡萄酒

天鹅绒般的口感

与新世界特有的浓烈西拉不同，该葡萄酒味道复杂，具有蓝莓的甘甜与香气，得到葡萄酒杂志的高度评价。

- ◆色泽/红
- ◆品种/西拉
- ◆原产地/AVA圣塔露西亚高地
- ◆生产商/帕拉伊索庄园
- ◆价格范围/2500~2999日元

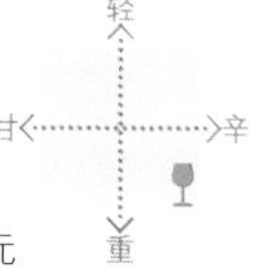

Georis Sauvignon Blanc
格鲁吉亚酒园长相思白葡萄酒

由原波尔多酿造师酿造 口感浓烈

该烈性白葡萄酒通过在酒樽内发酵而成，与以往长相思给人留下的清爽印象不同，口感浓烈、味道醇厚。

- ◆色泽/白
- ◆品种/长相思
- ◆原产地/AVA蒙特雷
- ◆生产商/格鲁吉亚酒庄
- ◆价格范围/5000~6000日元

轻 甘 辛 重

Joullian Cabernet Sauvignon
朱利安赤霞珠红葡萄酒

味道复杂、口感强烈

该葡萄酒由曾在知名葡萄酒庄园进修过的酿造师里奇・沃森酿造。它给饮者留下的第一印象便是口感浓缩至极。同时，它由含糖量高且完全成熟的葡萄混合而成，味道也非常复杂。

- ◆色泽/红
- ◆品种/赤霞珠
- ◆原产地/AVA卡梅尔谷
- ◆生产商/朱利安庄园
- ◆价格范围/3500~3999日元

Silvestri Pinot Noir

西尔维斯特黑皮诺红葡萄酒

由强有力的酿造新星打造
红葡萄酒中的极品

好莱坞音乐指挥家亚伦·西尔维斯特于2003年创办了西尔维斯特酿造厂。该厂坐落于非常适合葡萄栽培的产地——卡梅尔谷，是强有力的酿造新星。该厂的酿造师大卫是卡梅尔谷伯纳德名酿者协会的专家，由他酿造出来的黑皮诺均超过1万日元，且味道浓烈、强劲有力、富有浓缩感、余味悠长，宛如勃艮第一类的高级葡萄酒一般，令饮用者惊叹称绝。

- ◆色泽/红
- ◆品种/山粉黛
- ◆原产地/AVA卡梅尔谷
- ◆生产商/朱利安庄园
- ◆价格范围/3000~3499日元

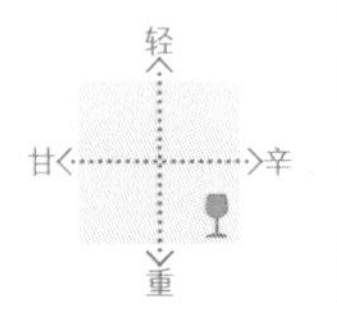

Joullian Zinfandel

朱利安庄园山粉黛红葡萄酒

石榴的色泽与芳香植物的香气并存
给人们一种华丽典雅的印象

该葡萄酒酿造商使用的是波尔多五大顶级酒庄也在使用的长筒型特制不锈钢酒桶。这种酒桶，可以在抑制单宁的提取时，使香气充分地散发出来。此外，葡萄田的每一块划分田都搭配有设计不一的酒桶。酿造商为了充分发挥这些酒桶的特点，可谓是倾尽所有。该葡萄酒由高品质葡萄“利顿之春”酿造而成，值得一提的是，这种葡萄来自于因山粉黛而闻名遐迩的“山脊庄园”。同时，它需要在法国橡木桶中熟成6个月之后才能产生美妙复杂的口味。

- ◆色泽/红
- ◆品种/黑皮诺
- ◆原产地/AVA卡梅尔谷
- ◆生产商/西尔维斯特酿造厂
- ◆价格范围/8500~8999日元

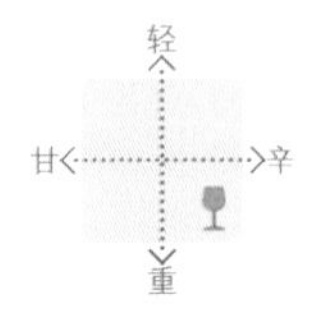

Wente Riva Ranch Reserve Chardonnay

威迪酒园珍藏雪当利白葡萄酒

使用完全熟成的雪当利
充满天然香气

该白葡萄酒使用天然水果般的阿洛约・塞科产雪当利，由家庭化经营酿造厂酿造而成。此酿造厂已经得到人们长达120年的喜爱和信赖。该酒采用“死亡酵母法（非去渣法）”，需要在酒樽中熟成12个月。起初味道如青苹果般清新，之后则如全麦粉饼干般芳香。

- ◆色泽/白
- ◆品种/雪当利
- ◆原产地/AVA阿洛约・塞科
- ◆生产商/威迪酒园
- ◆价格范围/3500~3999日元

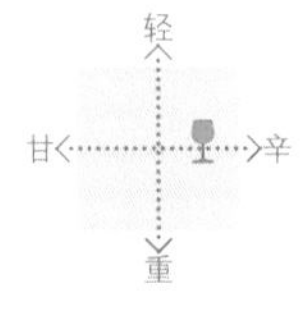

Ridge Monte Bello

利吉园蒙特贝罗山红葡萄酒

由伟大的酿造师酿造
珍藏红葡萄酒

利吉园，是众人皆知的加利福尼亚代表性著名生产商。它持有“金酒之王”称号，屡获殊荣。葡萄田的每个划分区域都各自独立地进行葡萄的收获、发酵，酿造而成的葡萄酒核心味道持久、单宁浓郁，属于长期熟成型。

- ◆色泽/红
- ◆品种/赤霞珠
- ◆原产地/AVA圣塔露西亚高地
- ◆生产商/利吉园
- ◆价格范围/20000日元以上

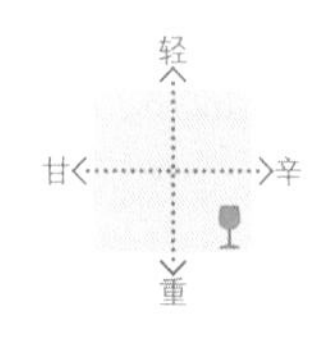

Guglielmo Private Reserve Sangiovese

迦利尔摩私藏圣祖维斯红葡萄酒

因生产量极少而倍加贵重

该圣祖维斯使用树龄超过60年的葡萄树所产的葡萄，果味纯粹、单宁浓烈，同时兼具酒樽熟成散发的香草般香气。

- ◆色泽/红
- ◆品种/圣祖维斯
- ◆原产地/AVA圣克拉拉谷
- ◆生产商/迦利尔摩酿造商
- ◆价格范围/2000~2499日元

轻 甘 辛 重

Guglielmo Private Reserve Pinot Grigio

迦利尔摩私藏灰皮诺白葡萄酒

酿造商拥有80年历史
珍藏白葡萄酒

该白葡萄酒由在国内比赛中蝉联获奖的酿造商亲手打造。使用了意大利经常使用的灰皮诺，口感舒畅、酸味清新。

- ◆色泽/白
- ◆品种/灰皮诺
- ◆原产地/AVA圣克拉拉谷
- ◆生产商/迦利尔摩酿造商
- ◆价格范围/2000~2499日元

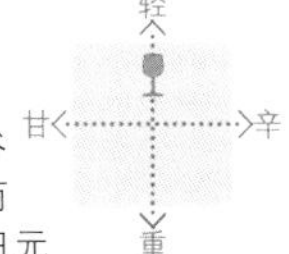

Chalone Chardonnay
卡蒙酒园雪当利白葡萄酒

真的是“耐心等待才能闻到花香”
熟成能力极强

卡蒙可谓是该地区优质葡萄酒酿造商的先驱，也是担负着当前加利福尼亚葡萄酒兴旺重任的酿造商之一。它拥有有利于葡萄生长的石灰岩质土壤，通常酿造重视风土条件的葡萄酒。此雪当利具有丰富的矿物质及细腻的酸味，同时还伴有芒果、梅子、桃等香气，口味多重。此外，其熟成能力很强，建议发酵之后饮用。

◆色泽/白
◆品种/雪当利
◆原产地/AVA卡蒙
◆生产商/卡蒙酒庄
◆价格范围/6000日元以上

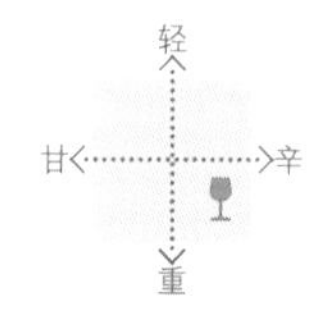

Calera Jensen Pinot Noir
卡列拉酒庄詹森黑皮诺红葡萄酒

由加利福尼亚黑皮诺巨匠亲自打造
品位出众

卡列拉的历史大约源于30年前，那时，乔什·杰生深深地迷上了勃艮第葡萄酒，并发誓把黑皮诺作为自己的毕生事业。之后，乔什推翻了“勃艮第葡萄酒绝对无法超越”的定论，一跃成为著名酿造师。以他的名字命名的此酒，于1975年开始正式酿造，使用的是移栽葡萄。其味道复杂，但是果味与酸味均恰到好处，属于易饮类型。

◆色泽/红
◆品种/黑皮诺
◆原产地/AVA哈兰山
◆生产商/卡列拉
◆价格范围/12000~13000日元

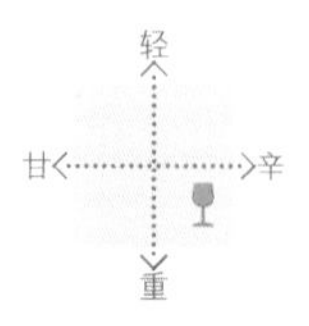

Logan Sleepy Hollow Vineyard Pinot Noir
沉睡谷庄园洛根黑皮诺红葡萄酒

世界瞩目
流行的风格、上乘的品质

与其他葡萄酒相比，该酿造厂葡萄酒的最大特点是熟成时间较长，所以只有确定可以放出酒花后才可以投放市场，而人们购买之时正是饮用的最佳时刻。

- ◆色泽/红
- ◆品种/黑皮诺
- ◆原产地/AVA蒙特雷
- ◆生产商/泰堡
- ◆价格范围/4000~4499日元

Arcadian Sleepy Hollow Vineyard Pinot Noir
沉睡谷庄园雅卡迪安黑皮诺红葡萄酒

口味浓郁
勃艮第风格

该葡萄酒仅使用中央海岸优质葡萄田的葡萄。细腻的口感、丰富的香气，再加上复杂的果味，余味悠长。

- ◆色泽/红
- ◆品种/黑皮诺
- ◆原产地/AVA圣塔露西亚高地
- ◆生产商/雅卡迪安
- ◆价格范围/8000~9000日元

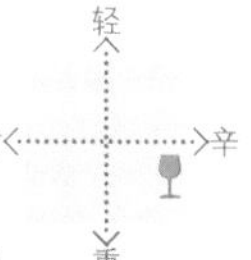

Mount Eden Cabernet Sauvignon
伊甸山赤霞珠红葡萄酒

使用带有酸性的葡萄
口味醇厚温和

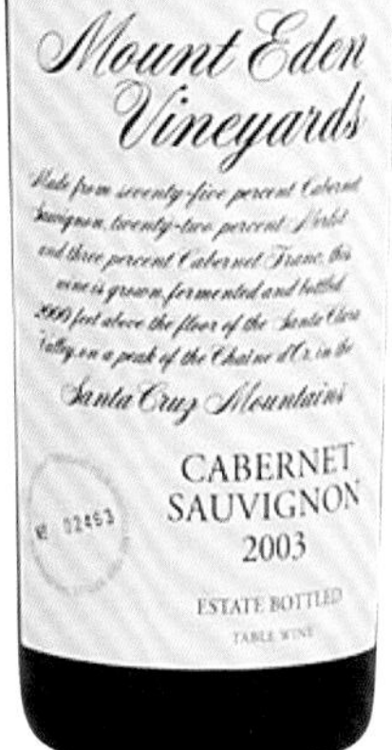

该红葡萄酒所使用的赤霞珠被栽培于距海岸很近、海拔较高的葡萄田，这样的葡萄产地在加利福尼亚是很稀少的。该酒酸味惬意、单宁纯粹、味道温和。作为美国产葡萄酒，其酒精度很低，独一无二的特色被大家牢牢记住。

- ◆色泽/红
- ◆品种/赤霞珠
- ◆原产地/AVA圣克鲁斯山
- ◆生产商/伊甸山
- ◆价格范围/7500~7999日元

中央海岸南部

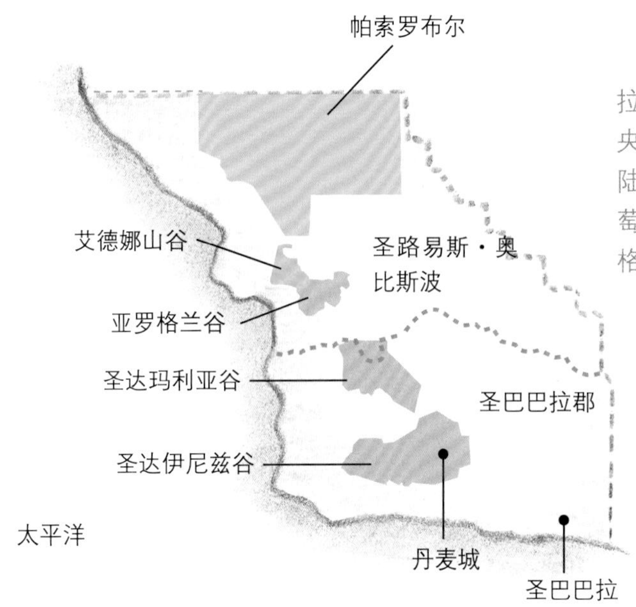

各知名酿地以圣巴巴拉为中心，零星分布于中央海岸南部。海风吹向大陆，成就了味道浓缩的葡萄。其中，有许多独特风格的较小型酿造厂。

Brewer Clifton Mt. Carmel Chardonnay

布鲁尔·克里夫顿酒园卡梅尔庄园雪当利白葡萄酒

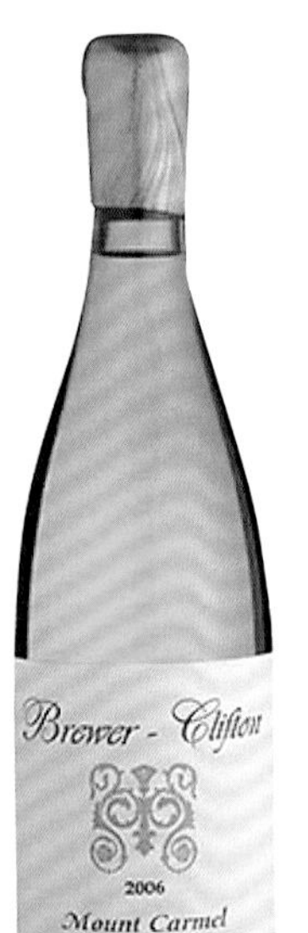

美国葡萄酒爱好者都想拥有品位上乘、口感细腻

该酿造商以“尽最大努力如实地向大家传达葡萄田的本质”为宗旨，努力打造不夹杂人工成分的纯天然葡萄酒。所酿造的葡萄酒同时具备桃、木瓜等香气，以及柑橘、意大利乡村软酪、奶油面包的风味，而这一切要感谢大地的恩赐。

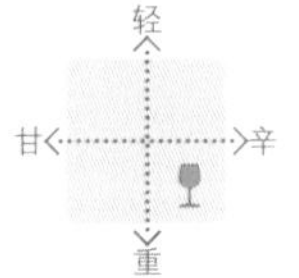

- ◆色泽/白
- ◆品种/雪当利
- ◆原产地/AVA桑塔丽塔山
- ◆生产商/布鲁尔·克里夫顿酒庄
- ◆价格范围/9000日元以上

Zaca Mesa Z Three Red Wine

扎卡梅萨Z-3红葡萄酒

深信优越风土条件的力量通过所培育的葡萄酿造高品质葡萄酒

这款葡萄酒使用的葡萄全部源于240英亩自家田，采取传统的酿造技术。在摸索出以1%为单位的均匀调配后，将西拉、格连纳什、慕合怀特相混合。在各品种的个性充分融合后，便会形成柔和芳醇的味道。

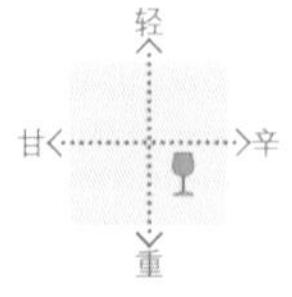

- ◆色泽/红
- ◆品种/西拉、格连纳什、慕合怀特
- ◆原产地/AVA圣达伊尼兹谷
- ◆生产商/扎卡梅萨酿造商
- ◆价格范围/8000~9000日元

Au Bon Climat Pinot Noir Knox Alexander

ABC诺克斯亚历山大黑皮诺红葡萄酒

并不逊色于勃艮第葡萄酒
黑皮诺中的名品

ABC是圣巴巴拉代表性酿造商。它拜勃艮第葡萄酒之神——亨利·萨耶师为师，潜心酿造优雅类型的葡萄酒。在酿造的过程中，采取传统古典的手法，不添加任何多余的手工操作，利用开放型酒桶，通过天然酵母使葡萄发酵。ABC酿造厂于1982年由中央海岸地区世界级葡萄酒酿造第一人——吉姆·克伦代创建，旨在“打造尊重葡萄田和栽培地区，充分发挥其个性的葡萄酒”。

该葡萄酒是为了纪念克伦代长男诺克斯的生日于1997年开始酿造的。它仅使用来自于圣巴巴拉特定葡萄田的葡萄，其独到之处在于美国樱桃、红浆果等红色系果实与土壤、药椒等混合的微微香气。同时，其酸味纯粹、口感微妙优雅。

顺便提一下，Au Bon Climat是“赋有最佳气候条件的葡萄园”之意。取其第一个字母，亦可被称为“ABC”。

- ◆色泽/红
- ◆品种/黑皮诺
- ◆原产地/AVA圣达玛利亚谷
- ◆生产商/ABC
- ◆价格范围/6500~6999日元

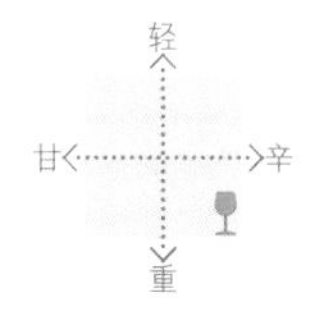

Brander Sauvignon Blanc au Naturel

布兰德天然长相思白葡萄酒

仍保留着葡萄原有的纯天然美味

圣达伊尼兹谷是圣巴巴拉最寒冷的地区之一，该地区酿造的长相思品质极佳。而该酿造厂将白葡萄的重点放在长相思身上，精选自家葡萄田中最优质的葡萄进行酿造。由于既不使用橡木也不进行丙乳酸发酵（将苹果酸分解为乳酸），所以酿造出来的葡萄酒仍会保留着葡萄原有的风味，味道极其天然。加利福尼亚的白葡萄酒，多数还是强调果味，该酒便是果味清新的一种。

- ◆色泽/白
- ◆品种/长相思
- ◆原产地/AVA圣达伊尼兹谷
- ◆生产商/布兰德
- ◆价格范围/4500~4999日元

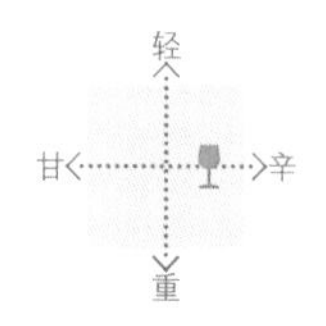

Melville Estate Pinot Noir

梅尔菲尔庄园黑皮诺红葡萄酒

建议“过酒”之后饮用

曾在索诺玛栽培雪当利和赤霞珠的罗恩·梅尔菲尔，一直想栽培高品质的黑皮诺和雪当利，而后将栽培地选在了圣巴巴拉的桑塔丽塔山。来自海洋强有力的冷风与土壤联手，培育出了强酸性优质葡萄，用其酿造的葡萄酒，色泽深且核心味道浓缩，起初具有山莓和李子的味道，之后黑色果实系味道变浓，最后只剩下辛辣之味。

- ◆色泽/红
- ◆品种/黑皮诺
- ◆原产地/AVA桑塔丽塔山
- ◆生产商/梅尔菲尔庄园
- ◆价格范围/5000~5499日元

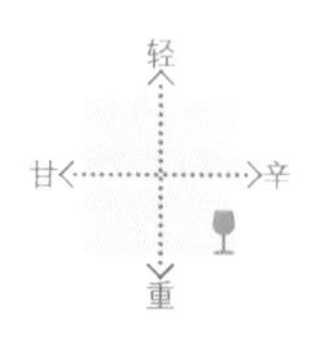

Dierberg Pinot Noir
帝尔伯格黑皮诺红葡萄酒

引人瞩目的黑皮诺

该红葡萄酒带有樱桃、山莓等甘甜酸气，还能让人们感到墨水的香气。其核心味道浓郁且优美，令人深深怀念。

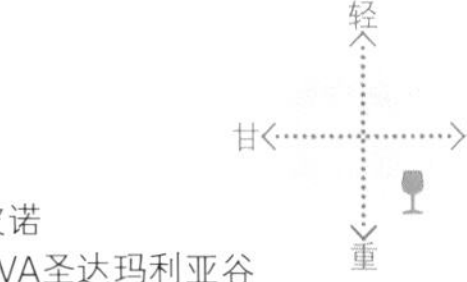

◆色泽/红
◆品种/黑皮诺
◆原产地/AVA圣达玛利亚谷
◆生产商/帝尔伯格
◆价格范围/5000~6000日元

Foxen Pinot Noir
福克森黑皮诺红葡萄酒

正宗黑皮诺果味
沁人心脾

口感宛如天鹅绒般柔和。糖果、桂皮、草莓等味道相融合，香气美妙浓郁，细腻感与浓缩感同在。

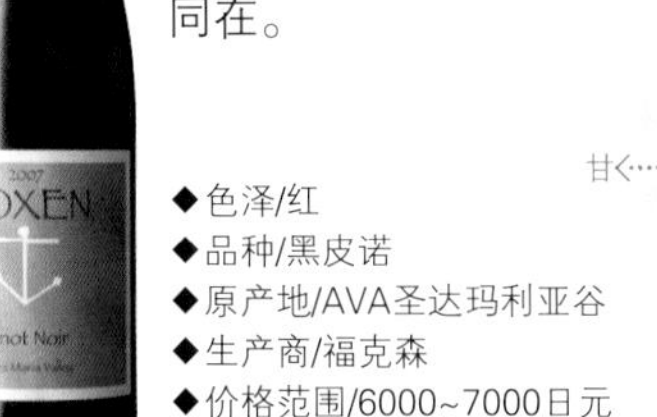

◆色泽/红
◆品种/黑皮诺
◆原产地/AVA圣达玛利亚谷
◆生产商/福克森
◆价格范围/6000~7000日元

Ojai Chardonnay
奥加葡萄园雪当利白葡萄酒

口味清新、酸味惬意

该葡萄酒使用的葡萄来自于圣巴巴拉地区特别寒冷的桑塔丽塔山葡萄田。它具有浓郁的香气、浓烈的矿物质和馥郁的口感。

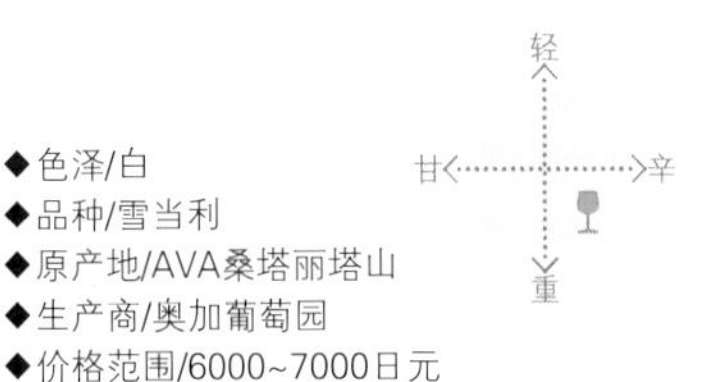

◆色泽/白
◆品种/雪当利
◆原产地/AVA桑塔丽塔山
◆生产商/奥加葡萄园
◆价格范围/6000~7000日元

Tantara Pinot Noir
坦塔拉黑皮诺红葡萄酒

核心味道浓郁

该葡萄酒将纯黑皮诺的优雅和强劲完美地融合在一起，酸味也恰到好处。浓浓的果香，再加上酒樽、香草、咖啡等香气，回味悠长。

◆色泽/红
◆品种/黑皮诺
◆原产地/AVA圣达玛利亚谷
◆生产商/坦塔拉
◆价格范围/6000日元以上

Ojai Syrah
奥加葡萄园西拉红葡萄酒

味道醇厚、余味悠长

该红葡萄酒由数种代表性庄园的葡萄混合酿造而成。它充分汇聚了各种葡萄田的个性，果味浓缩、强劲有力。

轻
甘 辛
重

◆色泽/红
◆品种/西拉
◆原产地/AVA圣巴巴拉县
◆生产商/奥加葡萄园
◆价格范围/5000~6000日元

Foxen Chenin Blanc
福克森白诗南白葡萄酒

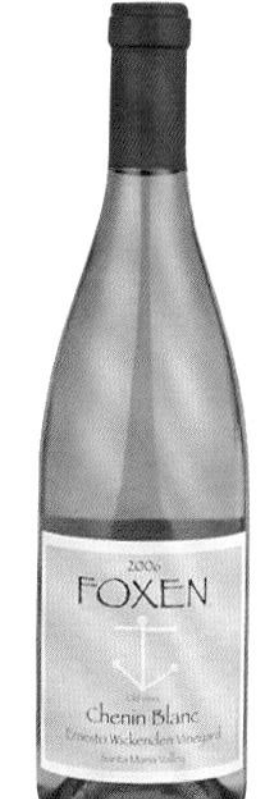

味道典雅、久存后亦清香

该葡萄酒由白诗南酿造，具有清爽的酸性和奶酪般的口感。同时，还带有茴香及金银花的香气，给人留下洋梨及蜂蜜般的甘甜印象。

◆色泽/白
◆品种/白诗南
◆原产地/AVA圣达玛利亚谷
◆生产商/福克森
◆价格范围/3500~3999日元

照片由加利福尼亚州观光局罗伯特・福尔摩斯提供

Zaca Mesa Viognier
扎卡梅萨维奥涅尔白葡萄酒

尽享维奥涅尔的清新香气

该葡萄酒厂采取传统技术进行葡萄酒的生产。此葡萄酒的葡萄为100%维奥涅尔，甘甜且酸味清爽。由于控制使用酒樽，所以还有清凉感。

轻
甘 辛
重

- ◆色泽/白
- ◆品种/维奥涅尔
- ◆原产地/AVA圣达伊尼兹谷
- ◆生产商/扎卡梅萨庄园
- ◆价格范围/3500~3999日元

Babcock Chardonnay Grand Cuvée
巴布科克限量版优质雪当利白葡萄酒

圣巴巴拉代表性葡萄酒

该葡萄酒具有成熟果实的浓郁风味，清新苹果般透澈酸味，二者之间的平衡可谓是达到了极致。久存后会产生矿物质感及丝丝辛辣。

轻
甘 辛
重

- ◆色泽/白
- ◆品种/雪当利
- ◆原产地/AVA圣达伊尼兹谷
- ◆生产商/巴布科克
- ◆价格范围/4000日元以上

Sanford Pinot Noir
圣福德黑皮诺红葡萄酒

因酿造年份而异
酒标亦十分受欢迎

该红葡萄酒由知名葡萄酒厂酿造，此厂在葡萄的栽培方面亦是优秀能手。该酒果味浓郁、香味华丽优雅、品质上乘、口味细腻微妙。

轻
甘 辛
重

- ◆色泽/红
- ◆品种/黑皮诺
- ◆原产地/AVA桑塔丽塔山
- ◆生产商/圣福德酿造商
- ◆价格范围/4500~4999日元

Hitching Post Highliner Pinot Noir
拴马柱海兰诺黑皮诺红葡萄酒

仅使用最佳葡萄田的果实

黑皮诺的新圣地，90%使用桑塔丽塔山的葡萄。风味、味道均具有纯天然的果实美味。

轻
甘 辛
重

- ◆色泽/红
- ◆品种/黑皮诺
- ◆原产地/AVA桑塔丽塔山
- ◆生产商/拴马柱
- ◆价格范围/7000日元以上

Santa Barbara Winery Cabernet Sauvignon
圣巴巴拉酿造厂赤霞珠红葡萄酒

由本地老字号酿造厂打造
味道均衡、恰到好处

该葡萄酒在主张强劲有力的同时，强调单宁的温和，再加上清新的酸性，整体十分和谐，各成分的构成强劲有力。

- ◆色泽/红
- ◆品种/赤霞珠
- ◆原产地/AVA圣达伊尼兹谷
- ◆生产商/圣巴巴拉
- ◆价格范围/3000~3499日元

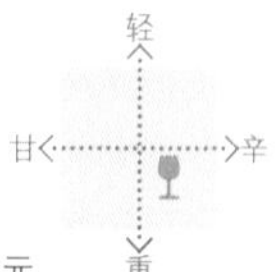

门多西诺

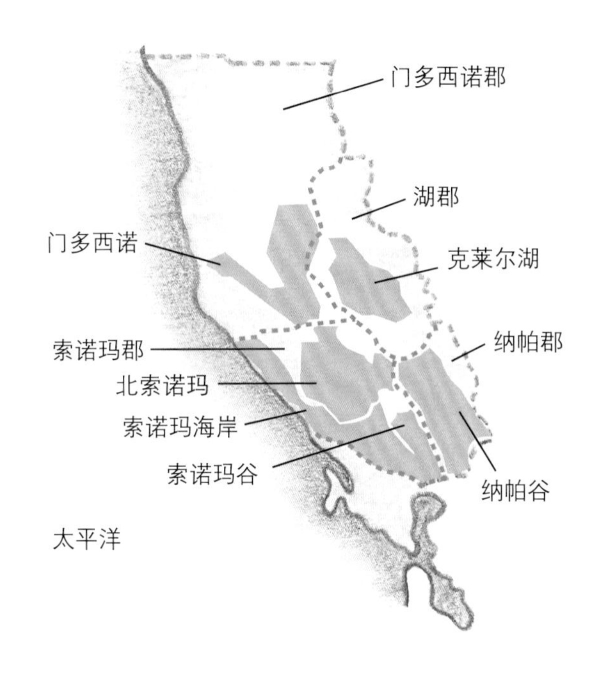

门多西诺位于北海岸，是知名的优质葡萄田产地。酿造厂数量不多，但还是零星存在着一些小型酿造厂。土壤适合有机栽培农作物，总的来说，葡萄酒味道醇厚柔和。

Duncan Peak Cabernet Sauvignon
邓肯峰赤霞珠红葡萄酒

倾注着酿造者的爱
香味浓郁

门多西诺郡南部——瑟内鲁溪谷附近是一片采光极好的向阳葡萄田，其斜坡地区的岩石表面土壤，为采摘熟成葡萄提供了一个完美的环境。夜晚时分，从海面吹来的微风和寒冷的雾气，凝聚了葡萄的酸味，赋予了葡萄各种香气。该酿造厂创办于20世纪80年代前期，是家庭化经营的小型酿造厂，葡萄田仅8英亩。由于酿造精良，每年的生产量仅400盒装。葡萄在生长过程中完全不使用农药，收获时纯手工采摘，之后轻力压榨、发酵，再使用法国橡木及美国橡木酒樽熟成21个小时。如此这般亲手精心打造的葡萄酒，味道丰富，具有黑醋栗和李子的香气。

◆色泽/红
◆品种/赤霞珠
◆原产地/AVA门多西诺郡
◆生产商/邓肯峰酿造商
◆价格范围/5000~5499日元

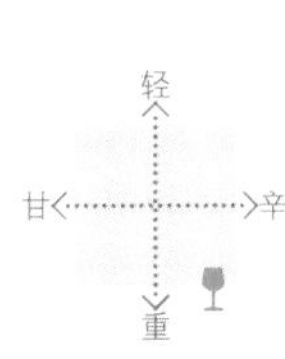

Lolonis Zinfandel

隆勒里斯山粉黛红葡萄酒

实行100%有机栽培
异色瓢虫酒标是其标志

隆勒里斯庄园商把异色瓢虫作为标志。异色瓢虫是有机栽培的象征，它作为驱除害虫的益虫人人皆知。如果每年有500万只异色瓢虫生存在葡萄树上，则仅需11人就能管理一大片葡萄田。此外，也可以使用具有同效作用的益虫——螳螂等。有机栽培是一项艰巨的任务，在栽培过程中不可以使用任何杀虫剂和其他农药，而实行100%有机栽培的隆勒里斯庄园，如今可谓是全美国有代表性的有机栽培酿造商。

此酿造厂酿造的葡萄酒，100%使用自家田葡萄，果味浓郁、口感浓烈。此山粉黛需要美国和法国的橡木酒樽进行熟成12个月。美国橡木特有的香草香气，与法国橡木的烟熏烤肉香气均匀地融合在一起，使该酒口味更加复杂。

- ◆色泽/红
- ◆品种/山粉黛
- ◆原产地/AVA红木谷
- ◆生产商/隆勒里斯庄园
- ◆价格范围/3000~3499日元

◆生产者荐言 **佩特罗斯·隆勒里斯**

20世纪20年代，我的祖父移居到门多西诺，开始栽培葡萄。门多西诺作为高性价比葡萄酒的酿造地，深受当地人的钟爱。此外，我们还首创了加利福尼亚地区使用异色瓢虫的有机栽培，这充分激活了门多西诺的有机栽培产业。能够让各国人民充分感受到我们的美国精神，我非常开心。

39 North Cabernet Sauvignon
北纬39度赤霞珠红葡萄酒

可以与高档葡萄酒相媲美
超自然派赤霞珠

该葡萄酒由纳帕的名酿——宝石篱酿造厂使用门多西诺的赤霞珠酿造而成。谈到“北纬39度”这个名字的由来，是因为它使用的葡萄田向北方倾斜39度。门多西诺是加利福尼亚屈指可数的知名酿造地。自古以来，该地区有机栽培盛行，北纬39度葡萄酒使用的自然派葡萄也是通过生物动力农法进行栽培的。味道属于纯加利福尼亚派，香醇浓烈，上乘的酸气使其味道更加均衡。

- ◆色泽/红
- ◆品种/赤霞珠
- ◆原产地/AVA门多西诺郡
- ◆生产商/宝石篱酿造商
- ◆价格范围/5500~5999日元

Stonehedge Terroir Select Petite Syrah
宝石篱泰勒瓦精选佩蒂西拉红葡萄酒

感受加利福尼亚的精髓
充满浓缩感

宝石篱酿造厂一直致力于珍贵葡萄酒的酿造，泰勒瓦精选系列使用严格筛选后的单一田葡萄。该酒使用的是通过有机栽培生长的佩蒂西拉。佩蒂西拉品种虽然经常被用于混合酿造之中，但由于其特有的浓缩感和果味，常被用于单一酿造之中。使用此类葡萄酿造出来的葡萄酒，具有巧克力和熟成的浆果味以及温和的单宁。

- ◆色泽/红
- ◆品种/佩蒂西拉
- ◆原产地/AVA门多西诺郡
- ◆生产商/宝石篱酿造商
- ◆价格范围/2500~2999日元

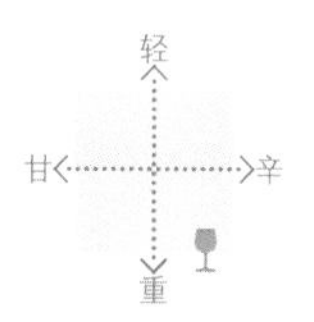

Lolonis Fumé Blanc
隆勒里斯富美白葡萄酒

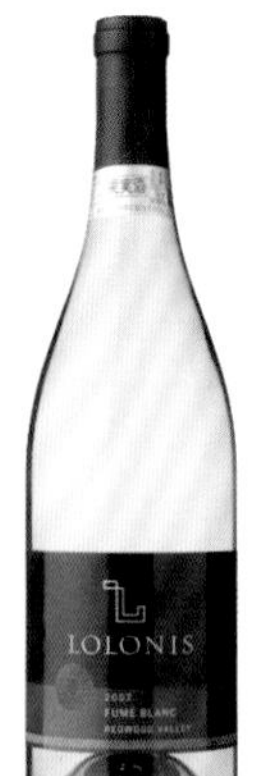

青苹果般果味

该葡萄酒由树龄在35~40年间的古木葡萄酿造而成，矿物质感浓郁。柑橘系香气如同新鲜的葡萄柚，散发着极佳的复杂味道。

- ◆色泽/白
- ◆品种/长相思
- ◆原产地/AVA红木谷
- ◆生产商/隆勒里斯庄园
- ◆价格范围/2000~2499日元

Lolonis Chardonnay
隆勒里斯雪当利白葡萄酒

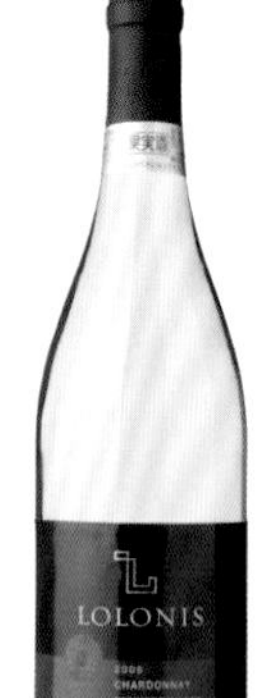

弥漫着芬芳香醇的水果香气

100%有机雪当利，具有菠萝及洋梨等香气，口感天然温和，很受欢迎，极力向不胜酒力的饮者推荐。

- ◆色泽/白
- ◆品种/雪当利
- ◆原产地/AVA红木谷
- ◆生产商/隆勒里斯庄园
- ◆价格范围/2500~2999日元

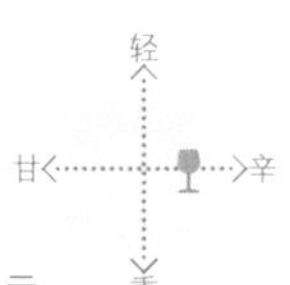

Lolonis Ladybug White
隆勒里斯瓢虫白葡萄酒

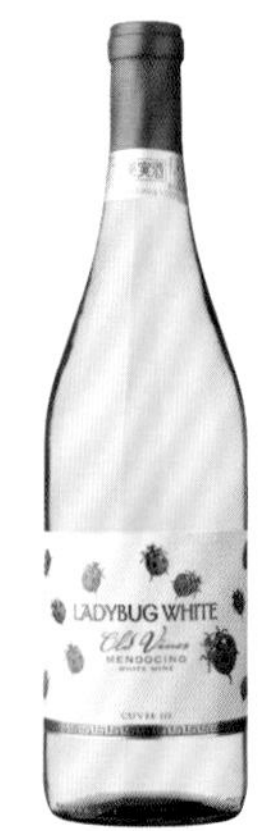

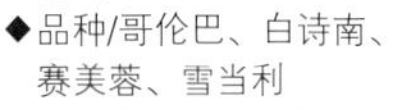

由有机葡萄混制而成
独一无二的白葡萄酒

该葡萄酒由4种葡萄混合酿造而成，味道上乘、惬意。温和的果味与恰到好处的酸味相融合，口感浓烈，余味悠长。

- ◆色泽/白
- ◆品种/哥伦巴、白诗南、赛美蓉、雪当利
- ◆原产地/AVA加利福尼亚
- ◆生产商/隆勒里斯庄园
- ◆价格范围/2000~2499日元

Lolonis Ladybug Red
隆勒里斯瓢虫红葡萄酒

果味浓郁、口感温和

该葡萄酒由4种葡萄混合酿造而成，是该酿造厂中最易于饮用的红葡萄酒。由于采用有机农法，所以味道天然，带有果香，易于饮用。

- ◆色泽/红
- ◆品种/山粉黛、梅尔诺、卡里格南、赤霞珠
- ◆原产地/AVA红木谷
- ◆生产商/隆勒里斯庄园
- ◆价格范围/2000~2499日元

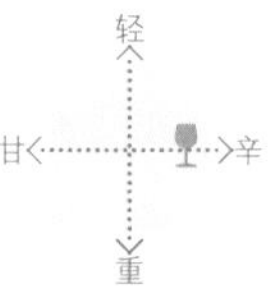

Lolonis Orpheus
隆勒里斯俄耳甫斯红葡萄酒

每年仅生产300盒装的贵重葡萄酒

该葡萄酒冠以生产者之名，是该酿造厂中顶级的葡萄酒。100%使用梅尔诺品种，需要在法国橡木中长期熟成，味道柔和，富含韵味。

- ◆色泽/红
- ◆品种/梅尔诺
- ◆原产地/AVA红木谷
- ◆生产商/隆勒里斯庄园
- ◆价格范围/5000~6000日元

Roederer Estate Quartet Brut
勒德雷尔庄园四重奏起泡葡萄酒

与香槟酒齐肩并进
高尚优雅的起泡葡萄酒

该起泡葡萄酒由法国香槟酒之家“路易王妃”在加利福尼亚亲自酿造。它采取与本土相同的起泡葡萄酒酿造方式，并下了很深的功夫。该酒继承了本土的优质性，散发着金子般闪闪发亮的高级感、洋梨和榛子相重叠的复杂香气、馥郁的味道，以及显著的惬意，而这些又保持着恰到好处的均衡。此外，酿造商严格筛选4块划分田的葡萄，将具有路易王妃特征的熟成老酒相混合，使其味道更加浓烈、均衡，弥漫着华丽的气息。

◆色泽/起泡葡萄酒
◆品种/雪当利、黑皮诺
◆原产地/AVA加利福尼亚
◆生产商/勒德雷尔庄园
◆价格范围/2500~2999日元

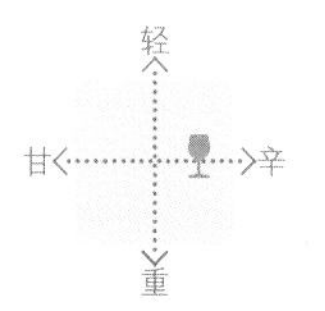

Bonterra Zinfandel
庞泰乐山粉黛红葡萄酒

最大极限发挥葡萄本身味道的有机葡萄酒

庞泰乐庄园不断合理化提供美味的有机葡萄酒。由于采取有机栽培方法，所以酿造商可以充分发挥葡萄本身特有的个性，酿造出极佳的葡萄酒。该葡萄酒的酿造过程也很卓越。作为山粉黛葡萄酒，它属于温和类型，咖啡及焦糖的甘甜浓烈香味和果香亦很明显。味道均衡，性价比高。

◆色泽/红
◆品种/山粉黛、佩蒂西拉、西拉
◆原产地/AVA门多西诺郡
◆生产商/庞泰乐庄园
◆价格范围/2500~2999日元

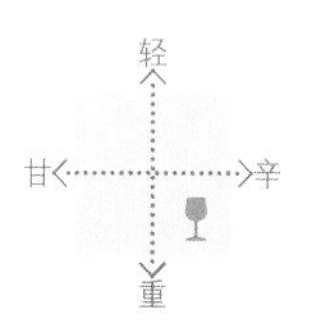

Scharffenberger Brut
莎菲尔伯格起泡葡萄酒

以绵密柔顺的持续性气泡为特征

该起泡葡萄酒融合了黑皮诺的浓烈果味及雪当利的菠萝、洋梨风味，口感饱满醇厚。味道馥郁且复杂。

轻 / 甘 / 辛 / 重

- ◆色泽/起泡葡萄酒
- ◆品种/黑皮诺、雪当利
- ◆原产地/AVA加利福尼亚
- ◆生产商/莎菲尔伯格酒庄
- ◆价格范围/2500~2999日元

Fetzer White Zinfandel
菲泽山粉黛白葡萄酒

凝聚着自然之力
清新舒畅

葡萄田内设有香草、花朵等植物栽培带，汇聚了许多鸟类和有益微生物，在该地生长的葡萄极其健康。葡萄酒的味道亦清新无污染。

轻 / 甘 / 辛 / 重

- ◆色泽/玫瑰红
- ◆品种/山粉黛
- ◆原产地/AVA加利福尼亚
- ◆生产商/菲泽庄园
- ◆价格范围/1000~1499日元

Graziano Zinfandel
格拉齐亚诺山粉黛红葡萄酒

散发着黑莓的香气

该红葡萄酒给人留下的第一印象是熟成果实的温和味道，而后便是持久的巧克力般单宁，及令人舒畅的辛辣感，石榴红中带紫的色泽更是妙不可言。

轻 / 甘 / 辛 / 重

- ◆色泽/红
- ◆品种/山粉黛
- ◆原产地/AVA门多西诺郡
- ◆生产商/葛致诺葡萄酒家族
- ◆价格范围/3000~3499日元

Big Yellow Cab Cabernet Sauvignon
大黄庄园赤霞珠红葡萄酒

拥有石榴及干浆果的口感

该红葡萄酒使用30%法国橡木进行熟成，黑莓及李子的香味，再加上烤焦橡木和微微的杉木香气，尽显成熟。

轻 / 甘 / 辛 / 重

- ◆色泽/红
- ◆品种/赤霞珠
- ◆原产地/AVA门多西诺郡
- ◆生产商/门多西诺葡萄酒公司
- ◆价格范围/2500~2999日元

Valentine Vineyards Cabernet Sauvignon

华伦泰庄园赤霞珠红葡萄酒

仅使用顶级葡萄
生产少量高级葡萄酒

该庄园在美国的比赛中屡获殊荣，属于实力派酿造商。利用各种橡木酿造而成的葡萄酒，在重视美国纯种风味的同时，亦重视微微的辛辣味，最适合与菜肴一起搭配饮用。

- ◆色泽/红
- ◆品种/赤霞珠
- ◆原产地/AVA门多西诺郡
- ◆生产商/华伦泰庄园
- ◆价格范围/4500~4999日元

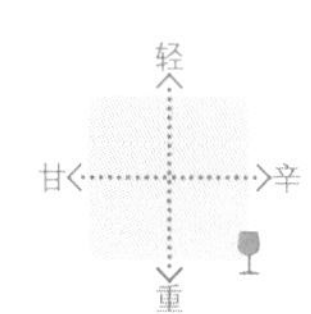

Parducci Sauvignon Blanc

帕渠奇长相思白葡萄酒

清新爽畅的白葡萄酒
性价比极高

帕渠奇是门多西诺郡最古老的酿造所。在调配酒盛行的20世纪40年代，该郡首先酿造出多样化葡萄酒。2003年被CCOF（加利福尼亚有机认定）认定为有机酿造所。该酒100%使用赤霞珠，柠檬及热带水果的清新香气沁人心脾。

- ◆色泽/白
- ◆品种/长相思
- ◆原产地/AVA门多西诺郡
- ◆生产商/帕渠奇
- ◆价格范围/2000~3000日元

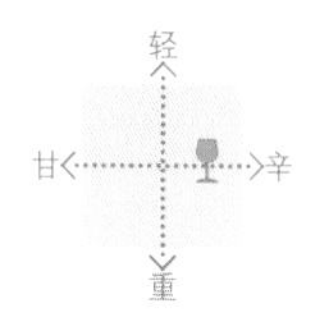

Esterlina Cabernet Sauvignon

英镑庄园赤霞珠红葡萄酒

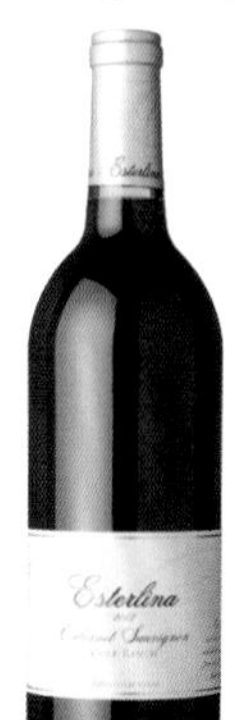

散发着甘草及香草等甘甜复杂的香气

手工方式采摘葡萄，发酵时使用从波尔多订购的酵母。具有黑莓及李子的风味，亦能感受到橡木及香料的精华。

- ◆色泽/红
- ◆品种/赤霞珠
- ◆原产地/AVA科尔牧场
- ◆生产商/英镑庄园
- ◆价格范围/3500~3999日元

轻
甘 辛
重

Girasole Organic Pinot Blanc

向日葵有机白皮诺白葡萄酒

浓缩感和果味饱满的冲击

在享受着葡萄本身的温和甘甜的同时，还能品到清爽的酸味。南国的水果、花朵、香料等相融合的香气极其优雅，余味悠长，耐人寻味。

- ◆色泽/白
- ◆品种/白皮诺
- ◆原产地/AVA门多西诺郡
- ◆生产商/向日葵
- ◆价格范围/2500~2999日元

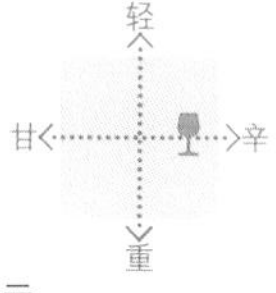

西拉山及其他

西拉山位于内华达山脉西侧的山群之间，是知名的山粉黛酿造地。此外，在加利福尼亚还有许多个性化产地，例如阿曼达、苏森谷等。

Z52 Clocksprings Vineyard Organic Zinfandel

Z52古钟春季庄园有机山粉黛红葡萄酒

对有机山粉黛情有独钟

使用的葡萄仅局限于有机栽培的山粉黛。该酒弥漫着香料的香气、浓烈的果味和单宁。

轻
甘 辛
重

- ◆色泽/红
- ◆品种/山粉黛
- ◆原产地/AVA阿曼达
- ◆生产商/Z52酿造商
- ◆价格范围/3000~3499日元

Renwood Pinot Grigio

仁伍德灰皮诺白葡萄酒

清新爽畅的酸性
容易搭配菜肴

灰皮诺是加利福尼亚非常稀少的意大利品种。该葡萄酒具有柑橘类的浓郁风味和浓烈的酸味，非常适合与菜肴搭配饮用。

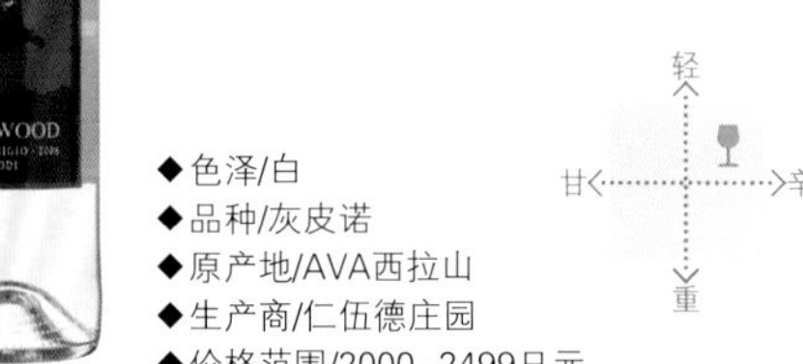

轻
甘 辛
重

- ◆色泽/白
- ◆品种/灰皮诺
- ◆原产地/AVA西拉山
- ◆生产商/仁伍德庄园
- ◆价格范围/2000~2499日元

Renwood Viognier

仁伍德维奥涅尔白葡萄酒

香气如南国水果般甘甜芬芳

该白葡萄酒使用的维奥涅尔在强烈阳光的照射下生长，果味馥郁。香气如热带水果般黏稠甘甜。

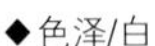

轻
甘 辛
重

- ◆色泽/白
- ◆品种/维奥涅尔
- ◆原产地/AVA西拉山
- ◆生产商/仁伍德酿造商
- ◆价格范围/2000~2499日元

Renwood Orange Muscat

仁伍德奥兰治麝香葡萄酒

散发着柑橘的花香
口味甘甜

香气如蜂蜜、扶桑、柑橘花般温和清新，不仅是甘甜，过后的酸味亦令人回味无穷。

轻
甘 辛
重

- ◆色泽/白
- ◆品种/奥兰治麝香葡萄、麝香卡内利
- ◆原产地/AVA阿曼达
- ◆生产商/仁伍德酿造商
- ◆价格范围/2500~2999日元（375ml）

Renwood Zinfandel

仁伍德山粉黛红葡萄酒

果味馥郁浓烈
正宗的加利福尼亚山粉黛

该酿造厂位于内华达州附近的灼热地区——阿曼达，它以山粉黛为主，酿造着高品质的葡萄酒。在淘金热时期，许多欧洲移民来到这里开始酿造葡萄酒，就这样，阿曼达成了加利福尼亚历史最悠久的葡萄酒产地之一。当时，人们虽然栽培了各种各样的葡萄品种，但最多的还是山粉黛，至今阿曼达还保留着山粉黛古木。如今，该地被人们称为优质山粉黛的产地。

仁伍德酿造厂是该地代表性酿造厂之一，它最引以为傲的还是山粉黛。该酒使用谢南多厄河谷的高树龄葡萄，弥漫着果实的浓缩感及酒樽的香气。味道被评价为似果酱般浓厚有力，口感十分舒畅。即使在竞争很激烈的当地，它亦得到很高的评价，让人们真正能体验到“加利福尼亚的山粉黛”的实力。

◆色泽/红
◆品种/山粉黛
◆原产地/AVA阿曼达
◆生产商/仁伍德酿造商
◆价格范围/2000~2499日元

◆生产者荐言　　罗伯特·斯默林

我们的酿造厂位于加利福尼亚的阿曼达地区，该地区的山粉黛历史最为悠久。我作为山粉黛爱好者，对山粉黛葡萄酒十分痴迷，于是在此地创办了酿造厂。我的葡萄酒哲学是——酿造果味丰富的葡萄酒。除山粉黛之外，我们还栽培西拉、巴伯拉等品种，无论是哪一种，都充满了果香，易于饮用，我相信大家一定会喜欢的。

Renwood Barbera
仁伍德巴伯拉红葡萄酒

可以品味到葡萄品种蕴涵的深色果实风味

巴伯拉是意大利皮尔蒙特州地区广泛栽培的葡萄品种。由于它是移居至美国的意大利人最喜爱的品种，所以一直被酿造为日常饮用葡萄酒。仁伍德巴伯拉均匀地混合了3片单一划分田的葡萄，单宁浓烈，风味如黑莓、巧克力、李子般甘甜。它需要在酒樽中熟成13个月，给人留下牛奶糖、香草般甘甜的印象，以及烟熏的口感。

- ◆色泽/红
- ◆品种/巴伯拉
- ◆原产地/AVA西拉山
- ◆生产商/仁伍德酿造商
- ◆价格范围/2000~2499日元

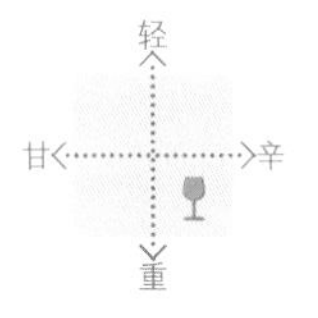

Domaine de la Terre Rouge Syrah Les Côtes de l'Ouest
泰勒独立酒庄路易斯干红西拉红葡萄酒

罗纳专家酿造、口感稳重饱满

比尔·伊斯顿曾在圣弗朗西斯科从事过20余年葡萄酒小型出售，而后被罗纳及中南半岛葡萄酒的魅力所吸引，便自立创办了该酿造厂。其多数葡萄田采用有机栽培，葡萄酒年产量基本上在600盒装以下，属于少量生产。此外，该厂采用太阳能系统发电，这是其独特之处，同时对地域环境保护型事业也有重要的意义。酿造而成的葡萄酒具有野生果味，且味道均衡，口感柔和饱满。

- ◆色泽/红
- ◆品种/西拉
- ◆原产地/AVA阿曼达
- ◆生产商/泰勒独立酒庄
- ◆价格范围/3500~3999日元

Renwood Port
仁伍德甜红葡萄酒

效仿葡萄牙正宗派甜红葡萄酒

该葡萄酒需要在瓶内长期熟成，橘皮及巧克力的复杂果味弥漫在整个口中，非常适合与雪茄、巧克力搭配，在餐后享用。

- ◆色泽/红
- ◆品种/索莎欧、多瑞加
- ◆原产地/AVA西拉山
- ◆生产商/仁伍德酿造商
- ◆价格范围/参考商品

Ironstone Old Vine Zinfandel Reserve
铁石庄园珍藏古藤山粉黛

具有浓缩感和韵味的红葡萄酒

该红葡萄酒具有李子和黑莓的浓厚香气以及浓缩感。辛辣的味道使其风味更加复杂，口感更加浓烈。

- ◆色泽/红
- ◆品种/山粉黛
- ◆原产地/AVA洛蒂
- ◆生产商/铁石庄园
- ◆价格范围/3000~3499日元

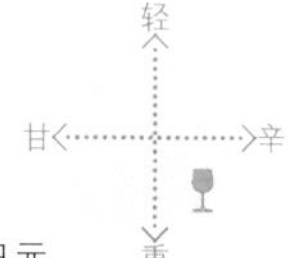

Domaine de la Terre Rouge Tête-à-Tête
泰勒独立酒庄面对面红葡萄酒

令人轻松饮用

该葡萄酒充满着野性美——土壤的香气、胡椒的风味。同时，还具有令人舒畅的酸气、温和的口感，自然的美味，适合配餐饮用。

- ◆色泽/红
- ◆品种/格连纳什、慕合怀特、西拉
- ◆原产地/AVA西拉山
- ◆生产商/泰勒独立酒庄
- ◆价格范围/2500~2999日元

轻

甘 辛

重

Z52 Agnes Vineyard Zinfandel
Z52艾格尼丝庄园山粉黛红葡萄酒

浓烈的果味、完美的单宁

Z表示山粉黛、52表示葡萄酒酿成所需的时间。该葡萄酒使用树龄90年的完全熟成葡萄，充满各种香料的香气。

- ◆色泽/红
- ◆品种/山粉黛
- ◆原产地/AVA洛蒂
- ◆生产商/Z52酿造商
- ◆价格范围/2500~2999日元

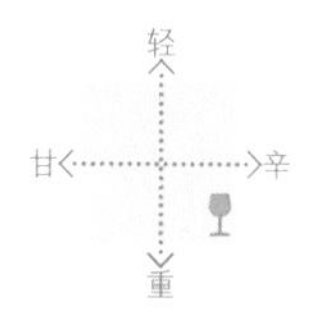

Ledgewood Creek Sauvignon Blanc

莱治伍德小溪酒庄长相思红葡萄酒

感受纯葡萄的甘甜
味道馥郁

该酿造厂于2002年由优秀的葡萄农家创办。因此，许多知名酿造商甚至会指名购买此家的葡萄。该长相思白葡萄酒，具有柠檬草及柑橘花的清爽香气，马上要崩裂开的酸气，同时口感馥郁、浓缩感强。

- ◆色泽/红
- ◆品种/长相思
- ◆原产地/AVA苏森谷
- ◆生产商/莱治伍德小溪酒庄
- ◆价格范围/2000~2499日元

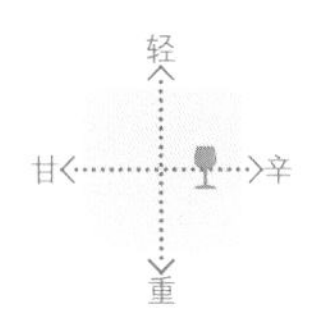

Ledgewood Creek GSM

莱治伍德小溪酒庄GSM红葡萄酒

在中南半岛混合酿造而成
该酿造厂的顶级葡萄酒

所谓GSM，是格连纳什（Grenache）、西拉（Syrah）、慕合怀特（Mourvedre）的首字母，它属于少量生产的葡萄酒。尽管其口味浓烈，但整体还是十分优雅的。该红葡萄酒味道纯粹细腻，有高级罗纳风格。

- ◆色泽/红
- ◆品种/格连纳什、西拉、慕合怀特
- ◆原产地/AVA苏森谷
- ◆生产商/莱治伍德小溪酒庄
- ◆价格范围/2000~2499日元

Ledgewood Creek Chardonnay

莱治伍德小溪酒庄雪当利白葡萄酒

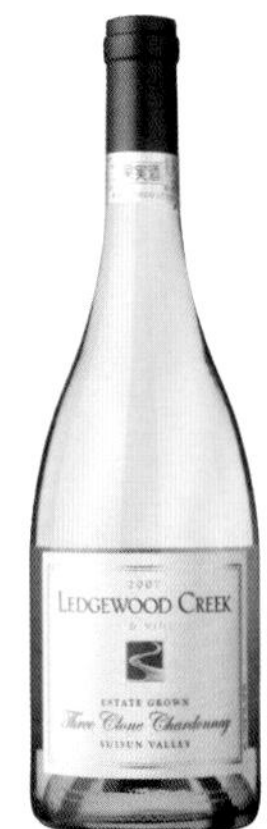

奢侈的酒樽感
余味耐人寻味

该雪当利强劲有力、柔和浓郁。通过在酒樽中熟成12个月，散发着热带水果、香草、坚果的香气。

轻
甘 辛
重

- ◆色泽/白
- ◆品种/雪当利
- ◆原产地/AVA苏森谷
- ◆生产商/莱治伍德小溪酒庄
- ◆价格范围/2000~2499日元

Ledgewood Creek Merlot

莱治伍德小溪酒庄梅尔诺红葡萄酒

柔和的单宁、醇和的味道

100%使用自家葡萄田的葡萄，需要在酒樽中熟成15个月。该梅尔诺具有黑莓和黑樱桃的果实感，甘甜馥郁。

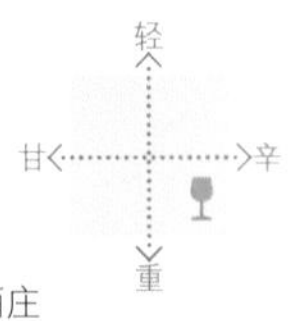

- ◆色泽/红
- ◆品种/梅尔诺
- ◆原产地/AVA苏森谷
- ◆生产商/莱治伍德小溪酒庄
- ◆价格范围/2000~2499日元

俄勒冈州

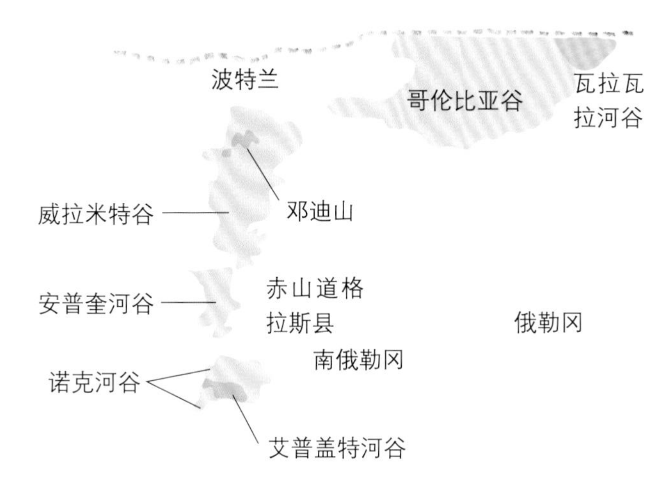

俄勒冈的葡萄酒产业开始于20世纪60年代。俄勒冈共有葡萄酒酿造厂约395家（2008年），酿造厂位居美国各州排名第3位。此地最引以为傲的是黑皮诺，酿造的葡萄酒均达到世界水平。

Domaine Serene Pinot Noir Evenstad Reserve

雄鹰酒庄宜斯丹珍藏黑皮诺红葡萄酒

浓缩的果味及温和的口感
俄勒冈的黑皮诺代表性杰作

该葡萄酒采用俄勒冈州知名葡萄田地——邓迪山丘陵上的自家田葡萄进行酿造，该酒庄以黑皮诺和雪当利为酿造重点，葡萄田的管理方法和酿造方法均是以达到浓缩优雅的口感为目标。在葡萄酒的整个酿造过程中，最大限度使用人工，不使用任何泵体外力，而利用自然重力。该黑皮诺需要在酒樽中熟成14个月，果味浓缩、味道俱佳，限量的酸味和单宁保持着很好的平衡，醇厚细腻、优美柔和、余味悠长。

- ◆色泽/红
- ◆品种/黑皮诺
- ◆原产地/AVA威拉米特谷
- ◆生产商/雄鹰酒庄
- ◆价格范围/9500~9999日元

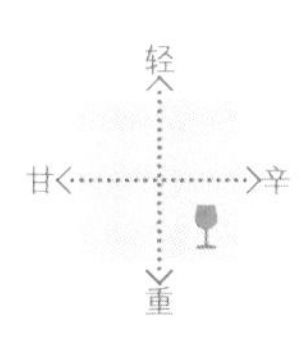

Domaine Drouhin Oregon Chardonnay Arthur

俄勒冈杜鲁安庄园亚瑟雪当利白葡萄酒

柔和的白桃香气极其优美
甚至“入驻”白宫

俄勒冈杜鲁安庄园于1988年由约瑟夫·杜鲁安创建于俄勒冈州的威拉米特谷。其中，长女维罗尼克负责葡萄酒的酿造工作，她继承了本土勃艮第杜鲁安的酿造工序，在美国地区酿造出了极佳的葡萄酒。近年来，该葡萄酒频繁出现在白宫款待各国领导的晚宴上，闻名遐迩。

作为葡萄酒专用的葡萄栽培地域，俄勒冈非常适合黑皮诺的栽培。它白天气候温和、夜晚气温骤降，在此般理想的条件下，葡萄的果味十分浓郁，酿造出来的葡萄酒更加细腻。

该雪当利充满白桃般香气，以及杏仁和蜂蜜的风味。为了表现出品种的特性和俄勒冈的风土条件，酿造过程中尽可能控制使用新酒樽，正因如此，该葡萄酒优雅细腻、口感浓郁，十分讲究。

◆色泽/白
◆品种/雪当利
◆原产地/AVA威拉米特谷
◆生产商/杜鲁安庄园
◆价格范围/6500~6999日元

Beaux Frères Pinot Noir the Beaux Frères Vineyard

英俊兄弟酒庄英俊兄弟黑皮诺红葡萄酒

酿造厂由帕克兄弟联手创办

葡萄酒皇帝罗伯特・帕克的妻弟专门从事黑皮诺的酿造。葡萄酒采用亲自开垦的自家葡萄田葡萄，味道极其优雅。

- 色泽/红
- 品种/灰皮诺
- 原产地/AVA威拉米特谷
- 生产商/英俊兄弟酒庄
- 价格范围/14000~15000日元

Firesteed Pinot Gris

神马酒庄灰皮诺白葡萄酒

被白宫采用、俄勒冈产

馥郁的果味、柑橘及玫瑰的花香、桃香，给人留下美妙的印象。柑橘系的清新酸气，令人饮后十分舒畅。

- 色泽/白
- 品种/灰皮诺
- 原产地/AVA威拉米特谷
- 生产商/神马酒庄
- 价格范围/3500~3999日元

Argyle Brut

菱花酒庄起泡葡萄酒

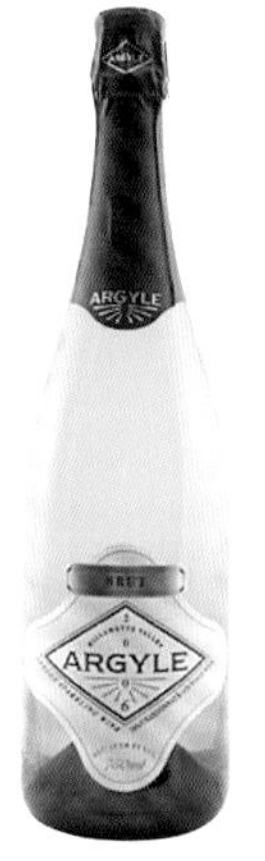

气泡细腻、极其优雅

马上要溢出的梨花、紫色水果及香草的香气，一切都充满了魅力。该起泡葡萄酒余味悠长，令人切身感觉到清新的水果气息及矿物质。

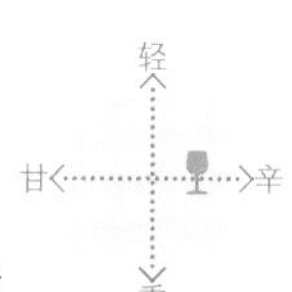

- 色泽/起泡葡萄酒
- 品种/灰皮诺、雪当利
- 原产地/AVA威拉米特谷
- 生产商/菱花酒庄
- 价格范围/3500~3999日元

Bergström Pinot Noir Bergström Vineyard

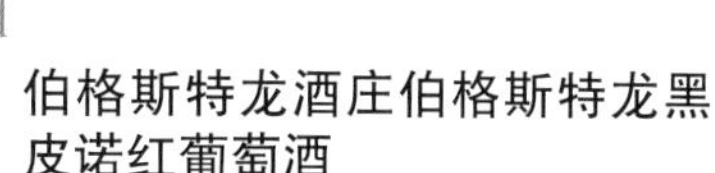

伯格斯特龙酒庄伯格斯特龙黑皮诺红葡萄酒

代表着俄勒冈的时尚风格

该酒口感馥郁温和，具有熟透的樱桃及山莓的香味，余味悠长。

- 色泽/红
- 品种/灰皮诺
- 原产地/AVA威拉米特谷
- 生产商/伯格斯特龙酒庄
- 价格范围/13500~13999日元

Elk Cove Vineyards Riesling Estate

麋鹿酒庄威士莲庄园白葡萄酒

俄勒冈威士莲高品质的体现

该威士莲具有透澈的酸气及清新的果味，亦有微微的矿物质感。苹果及白桃的香气中透着果香，提高了整瓶酒的品位。

- 色泽/白
- 品种/威士莲
- 原产地/AVA威拉米特谷
- 生产商/麋鹿酒庄
- 价格范围/3000~4000日元

Sokol Blosser Evolution

索科尔・布洛瑟进化白葡萄酒

仅利用白葡萄混合酿造

该葡萄酒使用9种白葡萄，各品种的香气均衡和谐，充满生机，而又个性独特。

- 色泽/白
- 品种/灰皮诺、白皮诺、威士莲、琼瑶浆、希尔瓦那、米勒托高、卡内利麝香葡萄、雪当利、赛美蓉
- 原产地/AVA威拉米特谷
- 生产商/索科尔・布洛瑟
- 价格范围/2500~2999日元

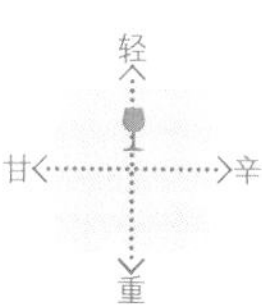

Torii Mor Pinot Noir
鸟居莫尔酒庄灰皮诺红葡萄酒

质感弥漫着整个口腔

口感甘甜柔和，能够感受到红樱桃、黑樱桃、土壤的香气，富有个性。辛辣中伴随着酒樽的香气，余味悠长。

◆色泽/红
◆品种/黑皮诺
◆原产地/AVA威拉米特谷
◆生产商/鸟居莫尔酒庄
◆价格范围/3000~3499日元

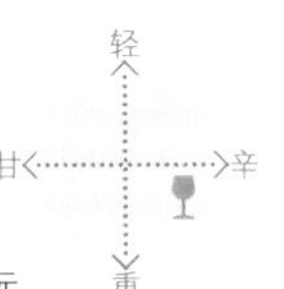

WillaKenzie Estate Pinot Gris
巍峨酒庄灰皮诺白葡萄酒

口感柔和、味道醇厚

该白葡萄酒具有桃、洋梨、甜瓜等香气，杏、苹果的香味，充满了果香。同时，口感有着醇厚、清爽的冲击。

◆色泽/白
◆品种/灰皮诺
◆原产地/AVA威拉米特谷
◆生产商/巍峨酒庄
◆价格范围/3500~3999日元

Cristom Pinot Noir Eileen Vineyard
冠群酒庄黑皮诺艾琳酒园红葡萄酒

由俄勒冈屈指可数的优秀黑皮诺生产者酿造

该酒庄的葡萄酒酿造者曾工作于加利福尼亚知名酿造厂“卡雷拉”达10年以上。现在，他与该酒庄的主人一起负责从葡萄田到葡萄酒酿造过程的全部工作。该葡萄酒采用自家田中海拔最高处的黑皮诺，清爽的酸味和单宁保持着绝妙的平衡。

◆色泽/红
◆品种/黑皮诺
◆原产地/AVA威拉米特谷
◆生产商/冠群酒庄
◆价格范围/8000~8499日元

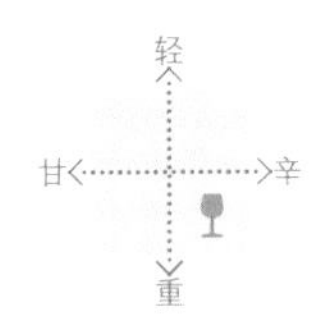

专栏 葡萄酒的保存方法

倘若买回来的葡萄酒不打算立即开封，那么请一定注意掌握好储藏方法。

储藏葡萄酒时，要避免高温潮湿，因此，储藏场所要求通风良好，12~14℃低温且温度无明显变化。同时，尽可能避免震动和阳光直射。葡萄酒专用地窖是最好的储藏场所，不过只要花费一些精力，其实一般家庭也能够提供更好的储藏环境。

建议将葡萄酒用报纸包好后放入瓦楞纸板箱或者隔热效果好的泡沫箱中，放到阳光不会照射到的阳台、地板下面的储存处等。此时，最好在上面盖上竹帘子等用以通风。放在冰箱里储藏时，最好也用报纸将其包好后放入湿度合适的蔬菜保鲜柜内。

华盛顿州

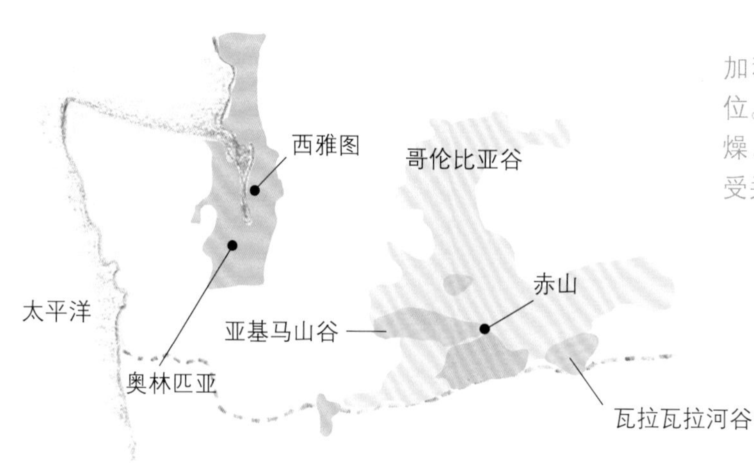

葡萄酒生产量仅次于加利福尼亚州，位于第2位。华盛顿州气候十分干燥，作为健康葡萄产地备受关注。

Andrew Will Ciel du Cheval

安德鲁威尔马脊葡萄园红葡萄酒

使用华盛顿州首屈一指的葡萄田的葡萄
浓缩感与优雅相融合

该葡萄园是西雅图地区最早设立的酿造厂之一，厂长兼酿造者克里斯・库默尔为了优雅地表现出华盛顿州优质葡萄田的特征，仅酿造单一田的葡萄酒。他酿造的葡萄酒特点是浓烈与优雅共存且均衡。该红葡萄将这个特点发挥得淋漓尽致。它色泽浓厚、矿物质感明显，还有山莓、花朵、森林般香气，十分优雅。初入口时，清爽的香气沁人，瞬间又变得十分浓郁。余味悠长，韵味丰富。

◆色泽/红
◆品种/梅尔诺、赤霞珠、品丽珠、比特福多
◆原产地/AVA赤山
◆生产商/安德鲁威尔酿造商
◆价格范围/9000~9499日元

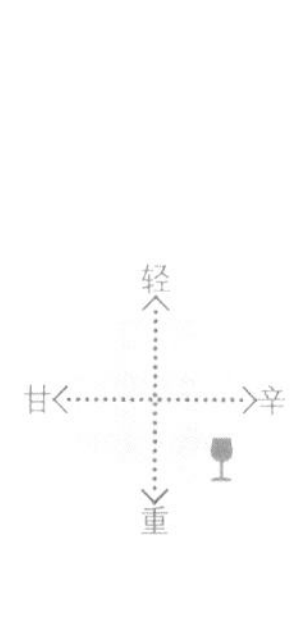

DeLille Cellars D2

德利尔酒庄D2红葡萄酒

华盛顿州精心打造
顶级波尔多风格

罗伯特·帕克将德利尔酒庄称为“华盛顿州的拉菲·罗施尔德”。之所以能与波尔多的一级庄园相媲美，是因为它严格筛选手摘葡萄，精心酿造波尔多风格的优雅葡萄酒。葡萄酒完全在法国产的新酒樽中100%熟成，不使用任何过滤器。如此这般精心酿造的葡萄酒获得了高度评价，在1997年的拍卖会上，该葡萄酒作为华盛顿葡萄酒创下了最高成交价格16000美元（约170万日元）的记录。

该酒庄的葡萄酒生产量很少，求购者又非常多，是极其稀少的珍品。该红酒是纯正的极品，浓缩的山莓、紫罗兰的微微香味，以及李子和浓黑樱桃等强烈香气，足以让人为之陶醉。尤其再加上咖啡、烟草、橡木之精华，使该葡萄酒的味道更加浓烈。在均衡的浓缩感之中，余味持久悠长。

- ◆色泽/红
- ◆品种/梅尔诺、赤霞珠、品丽珠、比特福多
- ◆原产地/AVA哥伦比亚谷
- ◆生产商/德利尔酒庄
- ◆价格范围/6000~6499日元

Waterbrook Chardonnay
沃博特雪当利白葡萄酒

华盛顿葡萄酒的先驱
具有收藏价值

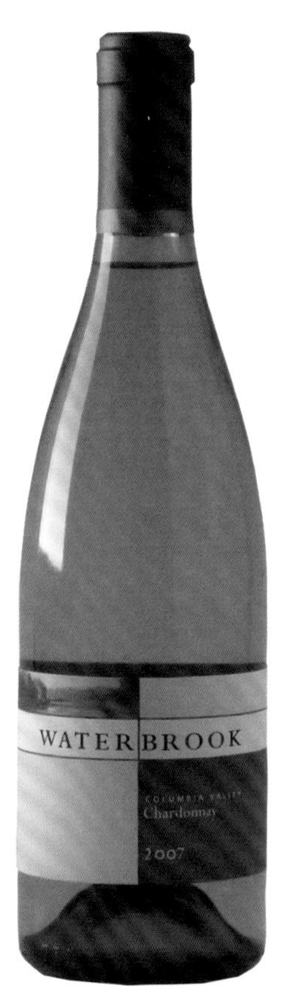

该酿造厂于1984年创立于瓦拉瓦拉地区，它进行各品种葡萄酒的酿造，其中，雪当利和长相思尤其深得日本人的喜爱。该葡萄酒将柑橘系的爽快和热带水果的甘甜完美地结合在一起，充满生机，令人心情舒畅。

- ◆色泽/白
- ◆品种/雪当利
- ◆原产地/AVA哥伦比亚谷
- ◆生产商/沃博特酿造商
- ◆价格范围/2000~2499日元

Dunham Cellars Trutina
顿汉酒庄楚帝纳红葡萄酒

风味馥郁、使用4种葡萄品种

该葡萄酒将哥伦比亚谷的各种葡萄田的葡萄混合后，使用法国产和美国产的橡木酒樽进行酿造。黑樱桃及李子的果味，薄荷及花朵的香气，黑莓及可可豆般甘甜柔和的单宁，均衡地融合在一起。亦可以进行长期发酵。

- ◆色泽/红
- ◆品种/赤霞珠、梅尔诺、西拉、品丽珠
- ◆原产地/AVA哥伦比亚谷
- ◆生产商/顿汉酒庄
- ◆价格范围/5000~5499日元

Quilceda Creek Cabernet Sauvignon Galitzine Vineyard
加利特赞葡萄园奎尔达河赤霞珠

产于华盛顿州的顶级赤霞珠

该葡萄酒在各种评比及杂志上一直获得高度评价。在“帕克评分”中三次获得满分，是令葡萄酒爱好者垂涎欲滴的最高级赤霞珠。

- ◆色泽/红
- ◆品种/赤霞珠
- ◆原产地/AVA哥伦比亚谷
- ◆生产商/奎尔达河
- ◆价格范围/25000~29999日元

轻 甘 辛 重

Snoqualmie Syrah
斯诺夸尔米庄园西拉红葡萄酒

口感柔和、适合搭配菜肴

该红葡萄酒充分发挥了葡萄的特质，果味丰富。莓果系的香气，微微的橡木味，再伴着柔和的单宁，达到了良好的平衡。

- ◆色泽/红
- ◆品种/西拉、格连纳什
- ◆原产地/AVA哥伦比亚谷
- ◆生产商/斯诺夸尔米庄园
- ◆价格范围/2000~2499日元

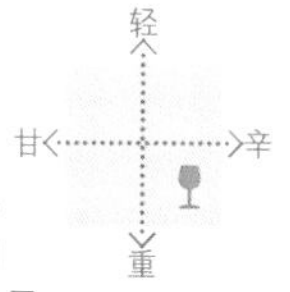

Woodward Canyon Estate Sauvignon Blanc

伍德华德峡谷庄园长相思

纯净美味的麦秆色白葡萄酒

熟透的白桃和香料的新鲜香气，再加上麝香葡萄的口感，果味与酸味保持着完美的平衡。推荐冷冻后饮用。

- 色泽/白
- 品种/长相思
- 原产地/AVA瓦拉瓦拉谷
- 生产商/伍德华德峡谷
- 价格范围/4500~4999日元

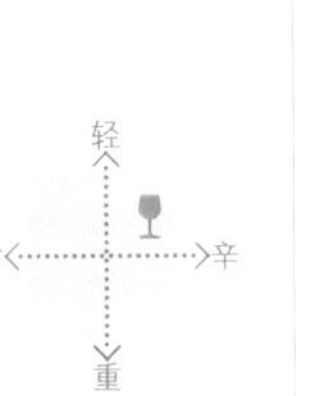

Leonetti Cellar Reserve

莱奥内蒂酒庄珍藏红葡萄酒

华盛顿州代表性膜拜酒

口感如天鹅绒般润滑，味道浓烈，李子、莓果和玫瑰的香味显著。适合长期发酵。

- 色泽/红
- 品种/赤霞珠、梅尔诺、比特福多、马尔贝克
- 原产地/AVA瓦拉瓦拉谷
- 生产商/莱奥内蒂酒窖
- 价格范围/21000~22000日元

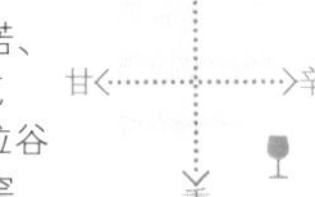

Long Shadows Sequel Syrah

长影子西拉红葡萄酒

酿造新星全力打造的极品西拉

该红葡萄酒色泽浓深，具有黑巧克力和黑樱桃的香气。果实的浓郁与酸味保持着平衡，味道芳香醇厚，富有浓缩感。

- 色泽/红
- 品种/西拉
- 原产地/AVA哥伦比亚谷
- 生产商/隆沙多斯
- 价格范围/9000~9499日元

Charles Smith Wines Boom Boom Syrah

查尔斯·史密斯酒业“爆发爆发”西拉红葡萄酒

人人皆爱、充满魅力

该红葡萄酒色泽深紫，给人留下黑莓、紫罗兰、薰衣草等香气的印象。口感润滑，浓烈与复杂兼备。

- 色泽/红
- 品种/西拉
- 原产地/AVA哥伦比亚谷
- 生产商/K酒商
- 价格范围/3000~3499日元

Domaine Ste. Michelle Blanc de Blancs

圣密夕葡萄园白香槟

舒畅纯粹的起泡葡萄酒

该起泡葡萄酒使用欧洲的高贵葡萄品种，利用香槟酒方式进行酿造。酸味宜人、风味微妙。

- 色泽/起泡葡萄酒
- 品种/雪当利
- 原产地/AVA哥伦比亚谷
- 生产商/圣密夕葡萄园
- 价格范围/2000~2499日元

O-S Winery R3

O-S酿造商R3红葡萄酒

使用3种葡萄、味道丰富

山莓、黑巧克力和李子的香气与单宁保持着绝妙的平衡，亦能感觉到土壤的香气。同时强劲有力，余味悠长。

- 色泽/红
- 品种/赤霞珠、品丽珠、梅尔诺
- 原产地/AVA哥伦比亚谷
- 生产商/O-S酿造商
- 价格范围/6500~6999日元

纽约州

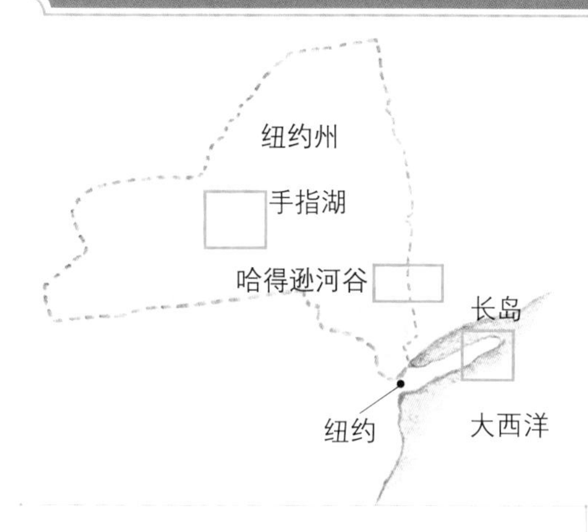

美国东海岸地区首屈一指的葡萄酒产地。生长着许多能经受严酷条件的混合品种，所以纽约州的葡萄酒产业正在发展之中。一些小型酿造厂正在酿造个性化葡萄酒。

Raphael Cabernet Franc
拉菲尔品丽珠红葡萄酒

纽约州葡萄酒行家的最爱

使用不锈钢酒樽，最大限度地表现品丽珠的柔和。具有樱桃及紫罗兰般极佳香气，口味优美温和。

- ◆色泽/红
- ◆品种/品丽珠
- ◆原产地/AVA长岛北福克
- ◆生产商/拉菲尔
- ◆价格范围/3000~4000日元

轻 / 重 / 甘 / 辛

Rivendell Soho Cellars Chardonnay
瑞文戴尔酒庄搜狐雪当利

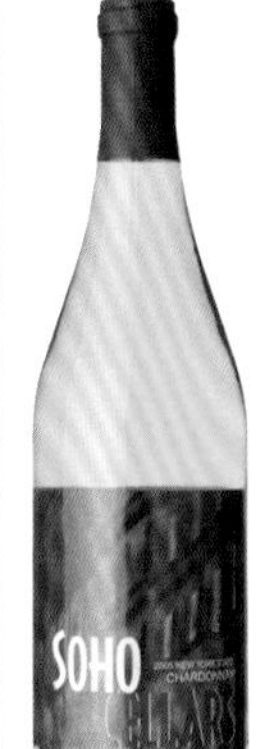

清冽、流行、品质上乘的白葡萄酒

该白葡萄酒使用雪当利进行酿造，具有新鲜的水果香气和爽快的口感。纽约SOHO地区形象的酒标也十分时尚。

- ◆色泽/白
- ◆品种/雪当利
- ◆原产地/AVA纽约
- ◆生产商/瑞文戴尔
- ◆价格范围/2500~2999日元

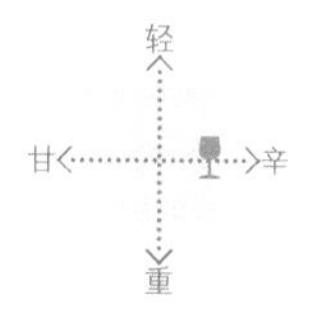

Wölffer La Ferme Martin Chardonnay

渥尔弗庄园费尔梅・马丁雪当利

清新的酸气与矿物质感保持着完美平衡

该酿造厂于1987年由出生于德国汉堡的克里斯蒂亚・渥尔弗创办于纽约州长岛。自家葡萄田面积达22公顷，配置齐全，管理完善，可以完美地利用现代技术将所栽培的葡萄酿造成葡萄酒。该地生长的葡萄具有芳香醇厚的水果香味。另外，由于地质与波尔多相似，所以葡萄还带有适当的酸味。该雪当利充分发挥了风土条件的优越性，具有华丽典雅的口味和细腻，非常适合与日式菜肴相搭配。酒标的时髦样式亦充满魅力。

- ◆色泽/白
- ◆品种/雪当利
- ◆原产地/AVA汉普顿
- ◆生产商/渥尔弗庄园
- ◆价格范围/2500~2999日元

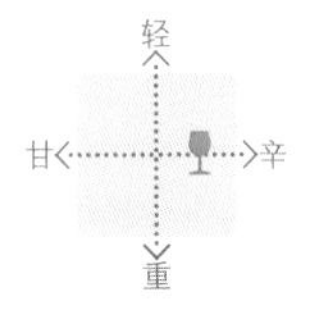

Comtesse Thérèse Hungarian Oak Merlot

特蕾泽伯爵庄园匈牙利橡木梅尔诺

由日本血统的庄园主人亲自打造
红酒本身充满着热情活力

特蕾泽伯爵庄园位于纽约州长岛的东侧。该酿造厂在葡萄酒酿造过程中，为了切合各种葡萄的特性，不仅会选择使用法国产橡木，还分别使用匈牙利产及俄罗斯产的橡木，在当地得到高度评价。以一贯严肃批评的风格被人熟知的《纽约时报》和各葡萄酒杂志等亦对其进行了高度评价。该葡萄酒使用梅尔诺葡萄品种、匈牙利产酒樽，具有樱桃及香料的香气。同时，味道新鲜柔和，适合与肉食搭配饮用。

- ◆色泽/红
- ◆品种/梅尔诺
- ◆原产地/AVA长岛北福克
- ◆生产商/特蕾泽伯爵庄园
- ◆价格范围/2500~2999日元

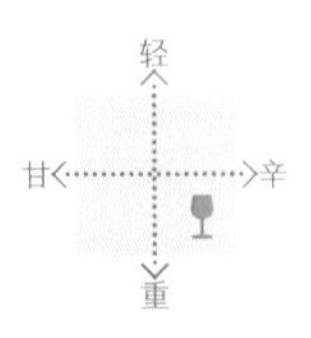

澳大利亚与新西兰

Australia & New Zealand

澳大利亚

自由的风尚与丰富的风土 生产出优良而富于变化的葡萄酒

澳大利亚葡萄酒的丰富果味在反映温暖气候的同时，也获得了国际市场的高度评价。其生产量在逐年增加，亦被称为“澳洲葡萄酒”。它清新舒畅，在日本也很有名气。说到澳大利亚葡萄酒，知名的还是口味浓烈的Shiraz穗乐仙（在法国等地称为“Syrah西拉”）。然而实际上，澳大利亚的土壤和风土条件多种多样，在不同的地区可以栽培不同的国际品种。如今，澳大利亚所生产的葡萄酒，上至甘甜白葡萄酒，下至正宗红葡萄酒，各类品种应有尽有。近年来，随着技术不断进步，高效率酿造葡萄酒的酿造商也在不断增加。当然，也不能忽略专注于酿造高级葡萄酒的小型酿造商。

澳大利亚葡萄酒的历史仅有200年，看似很短，其实隐藏了无限的可能性。澳大利亚葡萄酒的酿造历史始于1788年，那时，英国总督亚瑟·菲利普为纪念自己就职，在澳大利亚种植了葡萄树。到19世纪时，这里开始向英国输出葡萄酒，以甘甜型葡萄为主流。如今酿造的各种风格的葡萄酒始于第二次世界大战之后。

澳大利亚产地主要集中在南侧地域，最大的产地是拥有巴罗萨谷的南澳大利亚州，其他产地包括新南威尔士州、维多利亚州、西澳大利亚州等。

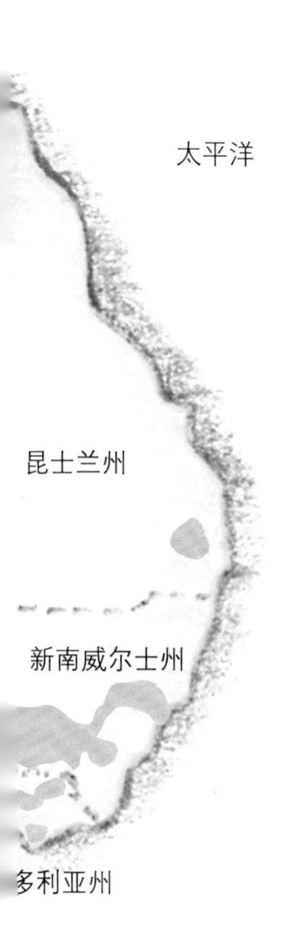

〈南澳大利亚州〉

南澳大利亚州的产量约占澳大利亚国内生产量的一半。其中，知名的巴罗萨谷盛产利用内陆红土栽培的烈性西拉；嘉拉谷盛产高品质威士莲；与波尔多气候相似的库纳瓦拉盛产赤霞珠和西拉。该州拥有气候、土壤均多样化的产地，还有世界上最古老的葡萄树。

〈新南威尔士州〉

澳大利亚葡萄酒的发祥地，所酿造的葡萄酒物美价廉。位于悉尼正北方向的猎人谷，作为澳大利亚葡萄酒最古老的产地闻名世界。它主要酿造传统口味的葡萄酒。由于高温潮湿，所酿造的馥郁雪当利和清爽赛美蓉等都是非常有名的。

〈维多利亚州〉

因葡萄根瘤蚜（葡萄的天敌）侵害，维多利亚州的葡萄酒产业曾暂时荒废过一段时期，最近30年来，葡萄酒酿造业再次盛行。其中，产地亚拉河谷很有名气。维多利亚州各处气候都较寒冷，所以这里广泛栽培着黑品诺及雪当利等勃艮第品种。而维多利亚州作为黑皮诺产地，在澳大利亚得到最高评价。

〈西澳大利亚州〉

西澳大利亚州是澳大利业比较新的葡萄酒产地。虽然生产规模很小，但是所酿造的葡萄酒中，约有四分之一属于优质葡萄酒。距离珀斯较近的沿海葡萄酒产地——位于澳大利亚西部的玛格丽特河，充分发挥了气候寒冷的优势，所酿造的葡萄酒非常优雅。由于气候条件等方面与波尔多相似，雪当利、赤霞珠及梅尔诺均得到公认好评。另外，葡萄酒产地天鹅谷弥漫着仙境般的气氛，零星分布着许多葡萄酒酿造商。

西澳大利亚州

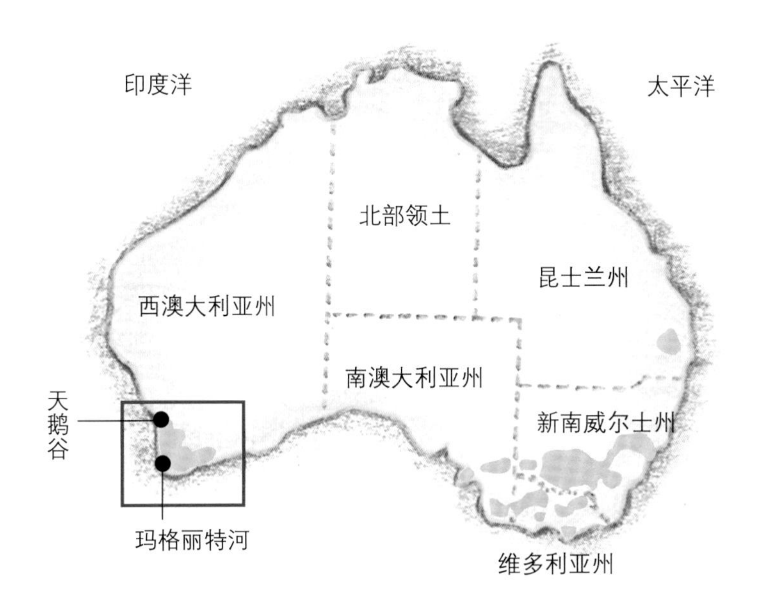

西澳大利亚州虽然生产规模不大，但在全澳大利亚的优质葡萄酒（高品质葡萄酒）中，约有25%产自西澳大利亚州。这里所酿造的优雅葡萄酒充分发挥了气候寒冷的优势。主要产地有玛格丽特河、珀斯山等。

Three Hills Shiraz

三山庄园西拉红葡萄酒

西澳大利亚州首屈一指的著名酿造产地
高品质、高品位

该酒庄于1978年由哈普斯创办。阿鲁・哈普斯自行研究分析地质学和气候风土，对其充满了热情，甚至还在学会上发表过。因此，该酿造厂所酿造的葡萄酒，充分发挥了土壤的特质。1994年，哈普斯为专门生产自家田葡萄酒而创办了三山庄园。三山庄园的1999年产西拉在“帕克评分”中获得了95分，从此一举成名，2002年产西拉在西澳大利亚州西拉评比中获得了第一名。它味道稳重优雅，每饮一口，美味就会慢慢地扩散一点。

- ◆色泽/红
- ◆品种/西拉
- ◆原产地/玛格丽特河
- ◆生产商/哈普斯和三山庄园
- ◆价格范围/6000~7000日元

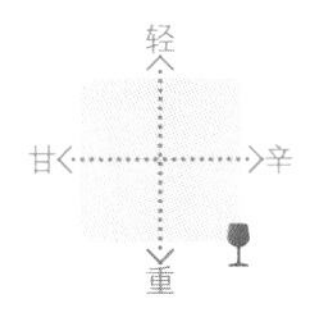

Lot88 Chenin Verdelho

Lot88 白诗南华帝露

混合西澳洲珍贵华帝露
味道清新、带有果香味

从知名的优质葡萄酒产地天鹅谷，一直深入至内陆的珀斯山，是该葡萄酒的产地。受到日照时间及海风的影响，该地生长的成熟葡萄酸性纯粹，属于名酿地。该葡萄酒由珀斯山的葡萄田主人——8位老人所经营的独特酿造厂酿造。“Lot88”代表葡萄田的单一划分。单一葡萄田中栽培的白诗南和以清新香草的爽快及热带风为特征的华帝露，完美地融合在一起。

- ◆色泽/白
- ◆品种/白诗南、华帝露
- ◆原产地/珀斯山
- ◆生产商/威士兰吉酿造商
- ◆价格范围/1500~1999日元

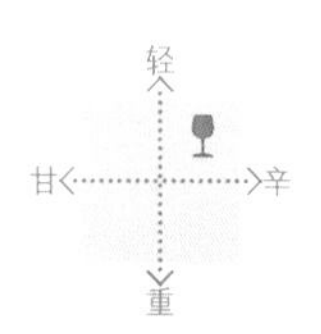

Julimar Viognier

朱利玛维奥涅尔白葡萄酒

使用高品质维奥涅尔
具有收藏价值

该葡萄酒使用的葡萄，来自于知名的维奥涅尔最高级葡萄田——法国罗纳地区的树苗。热带水果的香气与纯粹的酸气完美地结合在一起。

- ◆色泽/白
- ◆品种/维奥涅尔
- ◆原产地/珀斯山
- ◆生产商/威士兰吉酿造商
- ◆价格范围/2000~2499日元

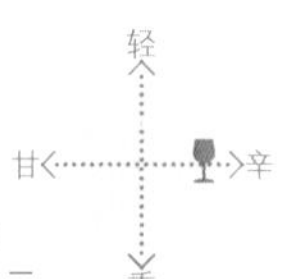

Goyamin Pool Old Vine Grenache

高雅池古藤格连纳什红葡萄酒

令人舒适的酸感
优雅的红葡萄酒

该葡萄酒使用80年的格连纳什古树，果味丰富柔和、酸味浓烈、涩味适中、极其优雅。

- ◆色泽/红
- ◆品种/格连纳什
- ◆原产地/珀斯山
- ◆生产商/威士兰吉酿造商
- ◆价格范围/2000~2499日元

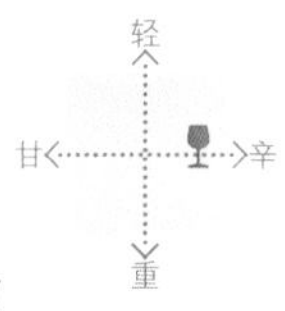

Julimar Organic Shiraz

朱利玛有机西拉红葡萄酒

味道光润的有机葡萄酒

该葡萄酒只使用花费10年时间精心培育的有机葡萄。蓝莓般的柔和果味与清爽的酸味并存，味道十分优雅。

- ◆色泽/红
- ◆品种/西拉
- ◆原产地/珀斯山
- ◆生产商/威士兰吉酿造商
- ◆价格范围/2500~2999日元

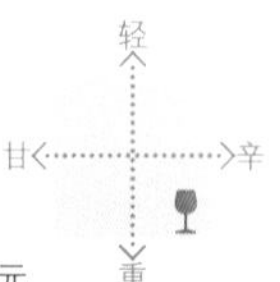

Julimar Shiraz Viognier

朱利玛西拉维奥涅尔

西澳大利亚州知名酿造地酿造
纯粹的西拉、独特出众

西澳大利亚州是知名的优质葡萄酒产地。其中的珀斯山人人皆知。在海拔400米的高岗上，零星分布着历史悠久的古老葡萄田。该地被称为“隐藏着最优葡萄田的宝库”。葡萄田的拥有者——几名老人于1998年共同创立了此酿造厂，虽然历史还比较短，但得到了许多知名杂志的高度评价。

葡萄酒名“朱利玛”，是珀斯山的一片森林之名。同时，该酒已被NASSA（澳大利亚有机认定机构）正式认定为“有机葡萄酒”。NASSA是一个非常严格的机构，据说要想得到它的有机认可，需要花费10年的时间。只有使用花费10年岁月经过精心栽培的有机葡萄所酿造的葡萄酒，才是名副其实的纯粹的有机葡萄酒。该葡萄酒味道纯粹且天然，与北罗纳地区的知名“露迪山麓”一样，混合着少许维奥尼尔，品位独特出众。同时，它香味复杂干练，颠覆了西拉原有的印象。

- ◆色泽/红
- ◆品种/西拉、维奥涅尔
- ◆原产地/珀斯山
- ◆生产商/威士兰吉酿造商
- ◆价格范围/2000~2499日元

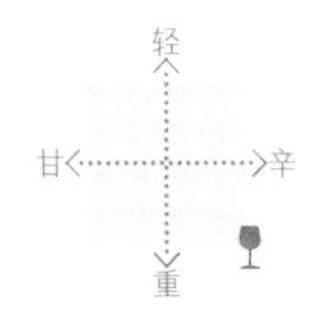

◆生产者荐言　　玛里琳·科尔德鲁瓦

我们的酿造厂创办仅10年左右，还属于一个新手，但是我们一心致力于有机栽培，努力发挥葡萄的味道。西澳大利亚州阳光灿烂、海风寒冷，感谢天气的恩惠，我们才能够酿造出如此精彩的葡萄酒。同时，我还要感谢那些对我们的葡萄酒以及澳大利亚葡萄酒进行高度评价的人们，今后，我们将继续努力，争取成为世界一流产地。

Woodside Valley Baudin Cabernet Sauvignon

林边酒庄宝黛赤霞珠红葡萄酒

赤霞珠丰富的香气与味道惊人地均衡
令波尔多都甘拜下风

林边酒庄位于玛格丽特河北部、亚林加普的山地上，它创办于1998年，虽然还非常“年轻”，但已经是葡萄酒评论杂志的常客了。在当地，它被赞为“新晋明星”。该赤霞珠需要在新酒樽的法国橡木中熟成12个月，复杂口味和浓缩感中透着强劲有力。熟透的樱桃与薄荷、黑巧克力般味道完美地融合在一起，呈现出一体化。

- ◆色泽/红
- ◆品种/赤霞珠
- ◆原产地/玛格丽特河
- ◆生产商/林边酒庄
- ◆价格范围/6500~6999日元

Happs Merlot

哈普斯梅尔诺红葡萄酒

强劲有力、单宁细腻

该葡萄酒口感柔和、饮用畅快。它使用优质土壤和气候的下所栽培的梅尔诺，属于波尔多风格。

- ◆色泽/红
- ◆品种/梅尔诺
- ◆原产地/玛格丽特河
- ◆生产商/哈普斯和三山庄园
- ◆价格范围/2500~2999日元

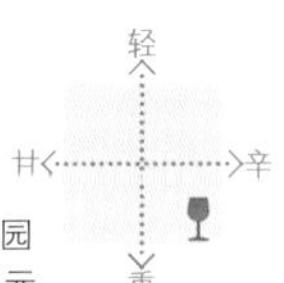

Woodside Valley Chardonnay

林边酒庄雪当利白葡萄酒

味道复杂、回味悠长

该葡萄酒需要在新酒樽的法国橡木中熟成7个月，具有热带桃子、甜瓜的味道，细腻润滑且优雅，酒体浓缩。

- ◆色泽/白
- ◆品种/雪当利
- ◆原产地/玛格丽特河
- ◆生产商/林边酒庄
- ◆价格范围/6500~6999日元

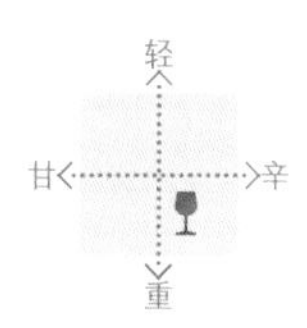

Cape Mentelle Sauvignon Sémillon

曼达岬庄园长相思赛美蓉

非常适合与海鲜料理搭配的白葡萄酒

赛美蓉独特的柠檬和酸橙的香气，与长相思般醋栗的味道保持着完美的平衡。酸味洒脱，令人心情舒畅。

- ◆色泽/白
- ◆品种/长相思、赛美蓉
- ◆原产地/玛格丽特河
- ◆生产商/曼达岬庄园
- ◆价格范围/2500~2999日元

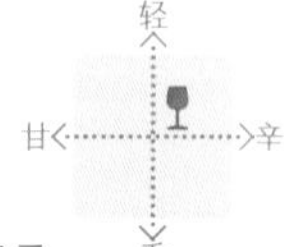

Leeuwin Estate Art Series Chardonnay

卢温庄园艺术系列雪当利

麦秆般的金色中掺杂着绿色

卢温庄园不仅在澳大利亚国内得到好评，也得到一些世界权威杂志和评论家的高度评价。该庄园的招牌是艺术系列，其中，雪当利是纪念艺术系列于1980年登场的第一号。通常，玛格丽特河的雪当利以桃香为特征，但该雪当利的葡萄柚和青苹果香气更加浓烈。爽快与舒畅的风格保持着良好的平衡，日积月累，它的味道将变得更加美味。

- ◆色泽/白
- ◆品种/雪当利
- ◆原产地/玛格丽特河
- ◆生产商/卢温庄园
- ◆价格范围/9500~9999日元

Sandalford Chardonnay

山度富酒庄雪当利白葡萄酒

具有浓烈的口感和甘甜
味道馥郁纯粹

山度富酒庄在西澳大利亚州的优质葡萄酒产地——天鹅谷、玛格丽特河等地区均有自家葡萄田。该酒庄栽培适合土壤的葡萄品种，收获后，小心翼翼地将葡萄运至酿造厂，运用最新设备，采用传统的技术方法将其酿造为葡萄酒。在酿造的过程中采用低温发酵，以便不损失葡萄本身的香气和味道。该雪当利具有柑橘类及成熟无花果的风味，同时还有精心选用的酒樽带来的香草香气，口感细腻而浓烈。

- ◆色泽/白
- ◆品种/雪当利
- ◆原产地/玛格丽特河
- ◆生产商/山度富酒庄
- ◆价格范围/3000~3499日元

Moss Wood Cabernet Sauvignon
莫斯沃德赤霞珠红葡萄酒

澳大利亚赤霞珠的代表

樱桃和黑醋栗的芬芳香醇与杉树和香草等口感交织在一起，形成了优雅的赤霞珠葡萄酒，细腻的单宁亦恰到好处。储藏20年以上的亦有售。

- ◆色泽/红
- ◆品种/赤霞珠
- ◆原产地/玛格丽特河
- ◆生产商/莫斯沃德
- ◆价格范围/10000~11000日元

Vasse Felix Shiraz
菲历士西拉红葡萄酒

华丽纯净的西拉

黑樱桃、香草和桂皮相融合的香气弥漫在整个口中，清新的酸味、丰满的单宁与辛辣风味更为它增添了韵味。

- ◆色泽/红
- ◆品种/西拉
- ◆原产地/玛格丽特河
- ◆生产商/菲历士
- ◆价格范围/4500~4999日元

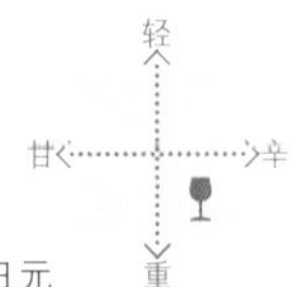

Howard Park Cabernet Sauvignon
豪园酒庄赤霞珠红葡萄酒

复杂且充满韵味 诱人的魅力

该葡萄酒曾被罗伯特·帕克赞不绝口，一时成为难寻的珍稀葡萄酒。至今，其人气仍未减弱。此酒味道丰富浓烈，亦有细腻之感。

轻

甘 辛

重

- ◆色泽/红
- ◆品种/赤霞珠
- ◆原产地/西澳大利亚
- ◆生产商/豪园酒庄
- ◆价格范围/6000日元以上

Alkoomi Jarrah Shiraz
亚库米酒庄贾拉西拉红葡萄酒

具有优雅及复杂味的香气

该葡萄酒由致力于品质研究的亚库米酒庄酿造，选用优质葡萄是必然的，另外还需要低温发酵管理。使用严格筛选的酒樽。该酒具有浓缩感，上乘单宁的涩味亦非常诱人。

轻

甘 辛

重

- ◆色泽/红
- ◆品种/西拉
- ◆原产地/大南部地区
- ◆生产商/亚库米酒庄
- ◆价格范围/4500~4999日元

Devil's Lair Cabernet Merlot
袋獾之穴赤霞珠梅尔诺

果味与细腻的单宁十分均衡

该葡萄酒在黑醋栗和红莓苔的基础上，又有微微的杉树香气，堪称极品。打开瓶塞后，香气逐渐弥漫开来。

- ◆色泽/红
- ◆品种/赤霞珠、梅尔诺
- ◆原产地/玛格丽特河
- ◆生产商/袋獾之穴
- ◆价格范围/5500~5999日元

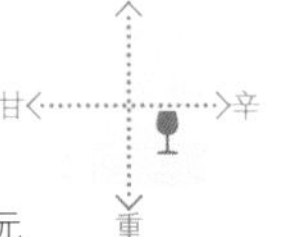

Plantagenet Brut
奔卡纳起泡葡萄酒

优雅且余味悠长的起泡葡萄酒

该葡萄酒采用传统的香槟酒方式进行酿造，需要在瓶内进行2年发酵放出酒花。在细腻的气泡中，亦能感受到生动的味道和浓烈。

- ◆色泽/起泡葡萄酒
- ◆品种/黑皮诺、雪当利
- ◆原产地/大南部地区
- ◆生产商/奔卡纳
- ◆价格范围/2500~2999日元

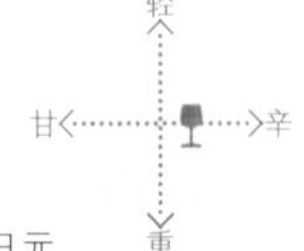

品尝葡萄酒

无论是作为人们的观光地，还是作为电影的拍摄地，加利福尼亚都将葡萄酒的魅力发挥到了极限。下面，我将向大家介绍一下加利福尼亚葡萄酒畅饮之外的乐趣。

1 看色泽

红葡萄酒——倾斜酒杯，确认葡萄酒的边沿色泽；白葡萄酒——透过阳光，确认葡萄酒的色泽。

〈红葡萄酒要点〉

因品种而异，一般来说，深红色表示该酒是含大量单宁等天然成分的优质葡萄酒，褐色表示发酵过度。

〈白葡萄酒要点〉

一般情况下，年头较短的葡萄酒色泽很淡，随着不断发酵，色泽逐渐变深。与红葡萄酒一样，褐色是劣化的象征。

2 闻香气

葡萄酒的香气通过两步来确认。最初是将酒杯放至鼻子附近轻轻地闻，以此来确认葡萄香（原料葡萄的香气）。接着，晃动一下酒杯再闻一次，这次确认酒香（葡萄酒发酵过程中产生的香气）。

〈具有红葡萄酒香气的实物〉

葡萄香：木莓、黑醋栗等水果/青椒等蔬菜/玫瑰等花朵/桂皮等香辣调味料等等

酒香：枯叶/红茶/蘑菇/杏仁/巧克力/蜡烛等等

〈具有白葡萄酒香气的实物〉

葡萄香：酸橙、柠檬、青苹果等水果/薄荷、罗勒等香草/百合、丁香等花朵等等

酒香：白菌/蘑菇/干草/干果等等

3 品味道

将少量葡萄酒含入口中，在舌尖细细品味，确认涩味及酸味。

〈需确认的内容〉

- 酸味、涩味、甘甜（果味）的平衡
- 酒体（口感轻淡或浓烈）
- 细腻感（口感的润滑）
- 吞感（咽食物时的感觉）
- 余味的长短

南澳大利亚州

南澳大利亚州是澳大利亚最大的葡萄酒产地，约占全国生产量的一半。它拥有许多气候、土壤具有多样性的产地区，如因西拉而闻名的巴罗莎谷、生产高品质威士莲的嘉拉谷等。

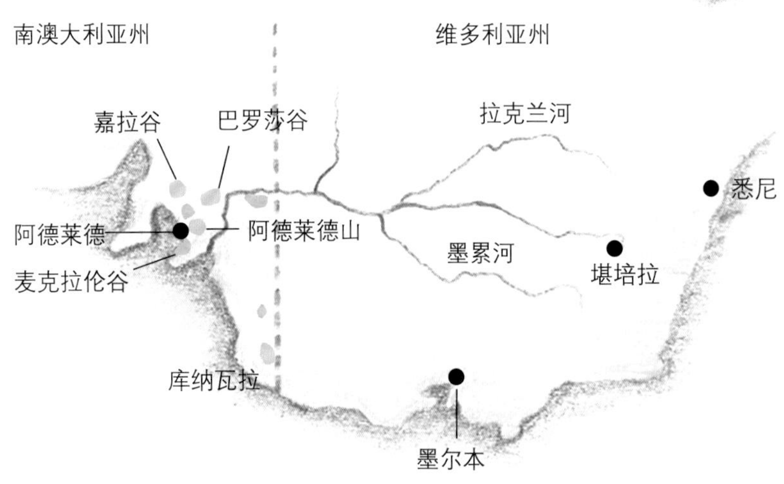

Two Hands Ares Shiraz

双掌（巴罗莎穗乐仙）红酒王

酒庄对西拉倾注着饱满的热情
浓烈馥郁充满韵味

该酿造厂于1999年由从事澳大利亚葡萄酒交易的迈克尔·特尔弗托和澳大利亚酒樽制造厂CEO联合创办。它以酿造最优西拉为目标，将南澳大利亚州和维多利亚州作为中心，打造能够表现出各种土地个性的多样化西拉。罗伯特·帕克称赞其为“南半球最优秀的葡萄酒商”。

该葡萄酒具有浓厚凝聚的丰富果味，从深黑的色泽中亦能感受到酒体的浓郁。黑樱桃、蓝莓、可可豆、香草保持着均衡的馥郁香气，口感润滑，单宁恰到好处。

- ◆色泽/红
- ◆品种/西拉
- ◆原产地/巴罗莎谷
- ◆生产商/双掌酒业
- ◆价格范围/20000日元以上

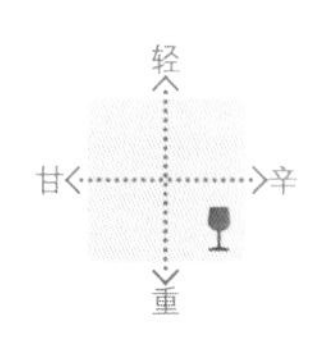

Three Rings Shiraz
三环酒庄西拉红葡萄酒

让人感受到澳大利亚西拉的实力
浓烈充满力量

该西拉由南澳大利亚州酿造师克里斯·林兰德、葡萄栽培顾问大卫·希金博特姆、邓恩·菲利普3人共同合作酿造而成。南澳大利亚州的巴罗莎谷非常适合栽培西拉。为了最大限度表现出该地的风土条件进而酿造出具有价值且最优质的葡萄酒，该酒庄100%使用高树龄的西拉，酿造出了极其完美的充满浓缩感的葡萄酒。

该葡萄酒具有黑莓、香料及土壤的香气，口感极其复杂。另外，它还包含着酒樽熟成后的香草香气，与上乘的烈性保持着很好的平衡。罗伯特·帕克对它的评价是“醇厚有力的味道是酿造师共同合作的产物，性价比极高”，可谓是南澳大利亚最引以自豪的极品。

- ◆色泽/红
- ◆品种/西拉
- ◆原产地/巴罗莎谷
- ◆生产商/三环酒庄
- ◆价格范围/2500~2999日元

◆生产者荐言 **大卫·希金博特姆**

对我来讲，巴罗莎谷犹如天堂一般。较长的日照时间和富含大量矿物质的土壤，使我们可以在这里栽培出顶级的西拉。我曾是一个葡萄栽培家，长期向各酿造厂提供葡萄，之后与朋友——知名酿造厂厂长克里斯·林兰德合作，创办了以“使用自己的葡萄，打造矿物质葡萄酒”为目标的酿造厂。该葡萄酒能让人充分感觉到香料和酸味的存在，相信大家一定会喜欢的。

Majella The Malleea
马杰拉酒庄玛利亚红葡萄酒

馥郁浓烈的澳大利亚传统调配酒

该澳大利亚传统调配酒由赤霞珠和西拉混合而成。它只选用树龄最长的葡萄田划分区中熟透的葡萄，在现代酒窖及法国橡木的新酒樽中100%发酵，再进行29个月熟成。酿造而成的葡萄酒呈浓烈饱满的洋红色，飘逸着成熟李子、香料、橡木产生的香草香气。味道如水果蛋糕及新鲜莓果、巧克力般复杂馥郁。品质上乘的单宁为持久的余味增添了极大魅力。可以进行15~20年的长期保存。

- ◆色泽/红
- ◆品种/西拉、赤霞珠
- ◆原产地/库纳瓦拉
- ◆生产商/马杰拉酒庄
- ◆价格范围/9500~9999日元

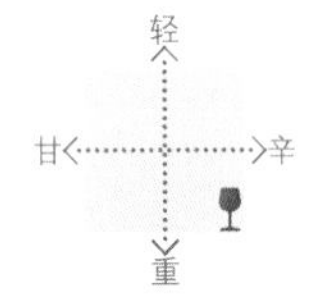

Shaw & Smith Shiraz
肖和史密斯酒园西拉红葡萄酒

由阿德莱德山栽培的葡萄酿造
优雅的西拉

肖和史密斯酒园，由长年怀揣着酿造葡萄酒梦想的马丁・肖和迈克尔・缪尔・史密斯共同创立而成。最初的10年，他们只生产白葡萄酒，从1998年开始酿造白葡萄酒，第一次酿造西拉是在2002年。如今，无论是红葡萄酒还是白葡萄酒，均得到了高度评价。该西拉味道醇厚，具有很浓的熟透蓝莓的风味，味道堪称一绝。同时，香草的风味不仅为葡萄酒带来了甘甜的香料，还使整个葡萄酒味道协调起来。单宁亦优雅地发挥着作用。

- ◆色泽/红
- ◆品种/西拉
- ◆原产地/阿德莱德山
- ◆生产商/肖和史密斯酒园
- ◆价格范围/3500~3999日元

Greenock Creek Grenache
格里诺克小溪酒庄格连纳什红葡萄酒

口味柔和、完美均衡的极品

果味、酸味和酒精度保持着完美的平衡，余味如苦巧克力般。由于可以长期保存，所以最好充分发酵后再饮用。

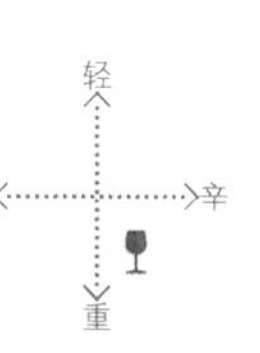

◆色泽/红
◆品种/格连纳什
◆原产地/巴罗莎谷
◆生产商/格里诺克小溪酒庄
◆价格范围/10000日元以上

John Duval Plexus
约翰·杜瓦尔酒庄普雷斯葡萄酒

口味复杂
既可立即饮用，亦可长期保存

该酒在酿造过程中尽可能不添加手工操作，将西拉、格连纳什、慕合怀特的个性完美地融合在一起。具有柔和的平衡度，长期保存后更佳。

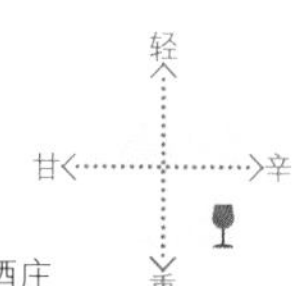

◆色泽/红
◆品种/西拉、格连纳什、慕合怀特
◆原产地/巴罗莎谷
◆生产商/约翰·杜瓦尔酒庄
◆价格范围/15000~16000日元

Torbreck RunRig
托布雷酒庄均田制葡萄酒

用古老的葡萄树酿造
具有浓缩感

利用古树葡萄酿造出来的葡萄酒，兼备浓烈与柔和，如同优质甜红葡萄酒般，浓缩感浓厚而细腻。

轻
甘 辛
重

◆色泽/红
◆品种/西拉、维奥涅尔
◆原产地/巴罗莎谷
◆生产商/托布雷酒庄
◆价格范围/40000~50000日元

D'Arenberg Laughing Magpie Shiraz Viognier
黛伦堡庄园笑鹊喜若西拉维奥涅尔

酒标上的红色条纹格外夺人眼目

果实肉浓厚、酸味强烈、口味浓烈，这些还不仅仅是该酒的全部特征，它的口感亦饱满柔和。令人愉悦的是，该酒品质的上乘，价格亦适中。

轻
甘 辛
重

◆色泽/红
◆品种/西拉、维奥涅尔
◆原产地/麦克拉伦谷
◆生产商/黛伦堡庄园
◆价格范围/2500~2999日元

Kilikanoon R Reserve Shiraz
凯利酒庄R珍藏西拉红葡萄酒

使用严格筛选的葡萄
味道浓烈，回味悠长

该酒庄酿造负责人凯文·米切尔曾在国内外酿造厂工作过，积累了丰富的经验。该葡萄酒使用高树龄西拉，浓缩感十足。

◆色泽/红
◆品种/西拉
◆原产地/巴罗莎谷
◆生产商/凯利酒庄
◆价格范围/6500~6999日元

Penfolds Grange
奔富酒园格兰奇葡萄酒

出众葡萄酒的代表
最佳杰作的红葡萄酒

1990年产的该酒在葡萄酒品尝杂志上获得了“该年度葡萄酒最优奖”，一举成名。该葡萄酒由多块产地的西拉混制而成，味道浓郁，各方面皆优美雅致。

◆色泽/红
◆品种/西拉、赤霞珠
◆原产地/南澳大利亚州
◆生产商/奔富酒园
◆价格范围/30000日元以上

Peter Lehmann Black Queen Sparkling Shiraz
彼德利蒙庄园黑皇后起泡西拉

由树龄40年的西拉酿造而成的起泡葡萄酒

该酒是通过6年熟成时间，利用香槟酒的酿造方法酿造而成的正宗起泡红葡萄酒。它具有巧克力及李子般风味，果实的浓缩感和柔和感滋润着喉咙。

- ◆色泽/起泡葡萄酒
- ◆品种/西拉
- ◆原产地/南澳大利亚州巴罗莎
- ◆生产商/彼德利蒙庄园
- ◆价格范围/4500~4999日元

轻
甘 辛
重

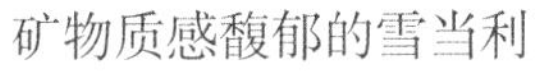

Nepenthe Ithaca Chardonnay
奈裴斯酒庄伊萨卡雪当利白葡萄酒

矿物质感馥郁的雪当利

由于在发酵槽中保持原样进行熟成，大大增加了与沉淀物接触的时间，味道更加浓郁，余味更加悠长。其余味细腻浓烈，充满爽快感。

- ◆色泽/白
- ◆品种/雪当利
- ◆原产地/阿德莱德山
- ◆生产商/奈裴斯酒庄
- ◆价格范围/4000~4499日元

Wolf Blass Black Label
禾富庄园黑牌红葡萄酒

余味浓郁、芬芳香醇柔和

该酒庄旨在“使用该年最好的葡萄，酿造最优的调配葡萄酒”。根据年份不同，各品种的比例及葡萄的产地也会不同，但酿造的葡萄酒均表现出了成熟果实的特征。

- ◆色泽/红
- ◆品种/赤霞珠、西拉、马尔贝克
- ◆原产地/南澳大利亚州
- ◆生产商/禾富庄园
- ◆价格范围/7500~7999日元

轻
甘 辛
重

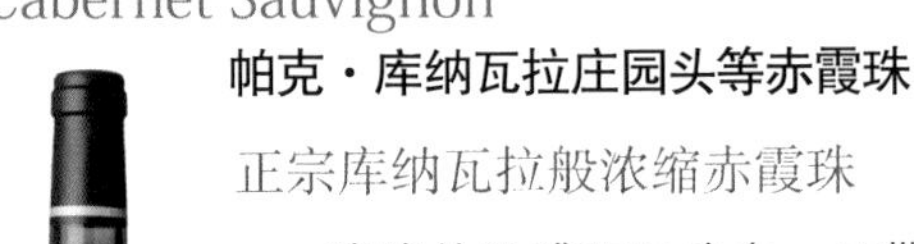

Parker Coonawarra Est. 1st Growth Cabernet Sauvignon
帕克・库纳瓦拉庄园头等赤霞珠

正宗库纳瓦拉般浓缩赤霞珠

浓缩的黑醋栗风味中，又带有雪茄烟和咖啡的口感。柔和的单宁和浓烈的酸味，使口感更加细腻醇厚。

- ◆色泽/红
- ◆品种/赤霞珠
- ◆原产地/库纳瓦拉
- ◆生产商/帕克・库纳瓦拉庄园
- ◆价格范围/10000~20000日元

轻
甘 辛
重

Henschke Hill of Grace
亨施克酒庄神恩山红葡萄酒

世界级葡萄酒的杰出代表

100%使用150年树龄的西拉。李子和莓果系的甘甜香气扑鼻而来，构造浓密，细腻优雅。

- ◆色泽/红
- ◆品种/西拉
- ◆原产地/伊甸谷
- ◆生产商/亨施克酒庄
- ◆价格范围/60000日元以上

轻
甘 辛
重

Bowen Estate Cabernet Sauvignon
宝云庄赤霞珠红葡萄酒

手工酿造、追求卓越

该酒由库纳瓦拉的代表性小型酿造厂酿造而成。该厂严格控制葡萄酒的生产量，果实熟透后再小心翼翼地手工采摘，因此，酿造的葡萄酒充满浓浓的香气，芳醇无比。

- ◆色泽/红
- ◆品种/赤霞珠
- ◆原产地/库纳瓦拉
- ◆生产商/宝云庄
- ◆价格范围/4000日元以上

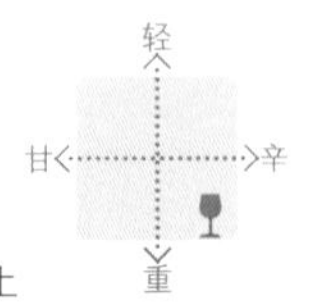

Peter Lehmann Barossa Clancy's Red

彼德利蒙庄园巴罗莎·克兰西红葡萄酒

价格、品质均适中，值得拥有

该葡萄酒由西拉、赤霞珠等4种葡萄混制而成。它需要连着果皮发酵7日之后进行压榨、澄清，再在法国和美国橡木酒樽中熟成12个月。该酒具有李子和巧克力的风味，口感如天鹅绒般柔和。

- ◆色泽/红
- ◆品种/西拉、赤霞珠、梅尔诺、品丽珠
- ◆原产地/南澳大利巴罗莎
- ◆生产商/彼德利蒙庄园
- ◆价格范围/1500~1999日元

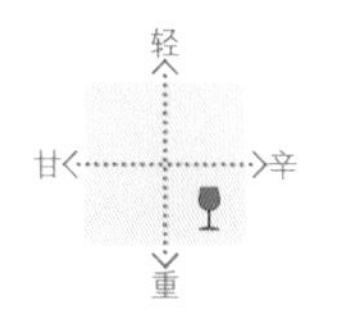

Grosset Polish Hill Riesling

格罗斯酒庄波利山起泡葡萄酒

由如今最受关注的酿造师打造

庄园主人杰弗里·格罗斯在德国大赛中获得“该年度起泡葡萄酒最佳酿造师”称号。该庄园位于海拔400米的地区，由于土壤性质的原因，葡萄树生长较慢，葡萄酒产量随之走低，但其味道馥郁芳香、浓烈细腻、口味极佳。

- ◆色泽/白
- ◆品种/起泡葡萄酒
- ◆原产地/嘉拉谷
- ◆生产商/格罗斯酒庄
- ◆价格范围/5000~5499日元

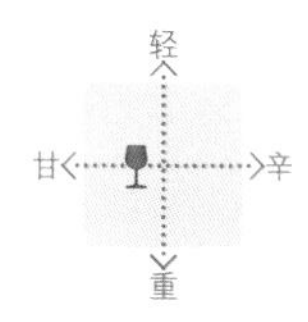

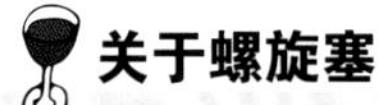

专栏 关于螺旋塞

以澳大利亚为首，新世界葡萄酒大多使用螺旋塞。它会给人带来非常简便的印象，如今已经陆续被高级葡萄酒使用。它最大的优点是可以牢固地保证葡萄酒的品质。天然树脂的软木塞偶尔会产生木塞味（附着在软木上的霉类、杂菌等微生物，以及由于消毒用氯化剂的残留而引起的葡萄酒劣化），而这种担心在螺旋塞上是不会出现的。因为它不需要葡萄酒开瓶器，即使打开了，还可以再次拧紧，这一点是非常方便的。

新南威尔士州

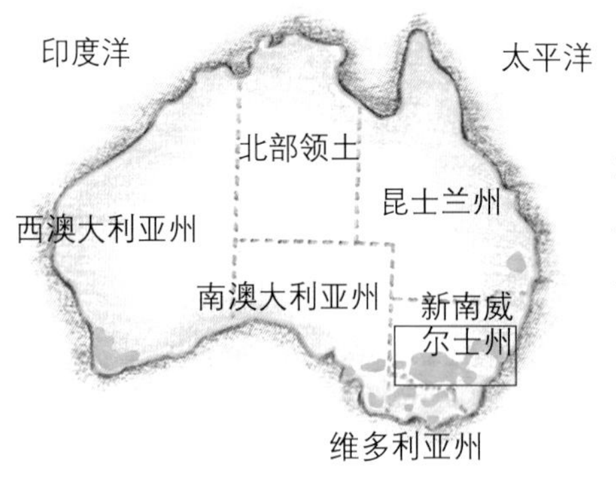

位于悉尼正北方向的猎人谷，作为澳大利亚最古老的葡萄酒产地而闻名世界，主要酿造传统口味的葡萄酒。整个澳大利亚州以酿造物美价廉的葡萄酒为主。

Richland Chardonnay
富地雪当利白葡萄酒

传递着澳大利亚大地的恩惠

适度使用法国和美国橡木对高品质雪当利进行4个月熟成，酿造出来的白葡萄酒充分吸收了葡萄的甘甜。浓烈的酸性和浓厚的热带水果感，使该葡萄酒更加馥郁，完成度更高。

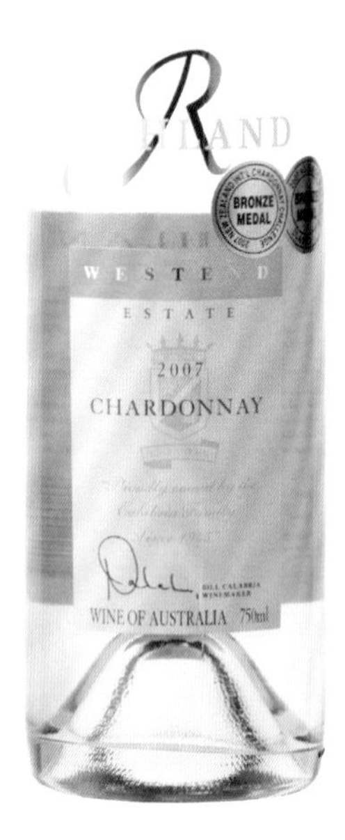

- ◆色泽/白
- ◆品种/雪当利
- ◆原产地/新南威尔士州
- ◆生产商/维斯特庄园
- ◆价格范围/1500~1999日元

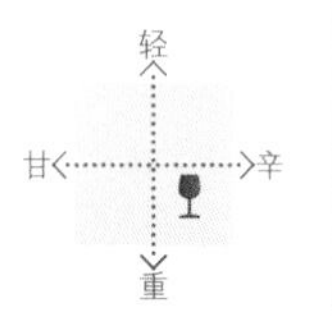

De Bortoli Noble One
德保利贵族一号甜白葡萄酒

酸味纯粹的贵腐葡萄酒

仅饮一口，满满的芳醇甘甜便弥漫于整个口腔。此外，还有微微的苦涩和酸气，杏、柑橘类等香气，可谓是极佳的贵腐葡萄酒。

- ◆色泽/白
- ◆品种/赛美蓉
- ◆原产地/新南威尔士州
- ◆生产商/德保利
- ◆价格范围/3500~3999日元（375ml）

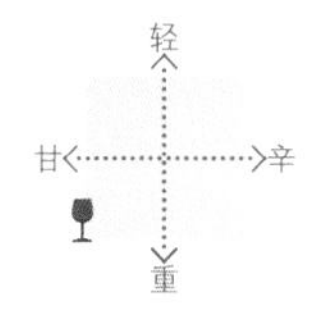

Logan Weemala Brut
洛根维玛拉起泡葡萄酒

呈现出气泡细腻清澈的姿态

到处飘散着草莓般香气，新鲜柑橘系果香和苹果香显著。亦有矿物质感和浓烈的酸味。

- ◆色泽/起泡葡萄酒
- ◆品种/黑皮诺、雪当利
- ◆原产地/新南威尔士州
- ◆生产商/洛根
- ◆价格范围/2000~2499日元

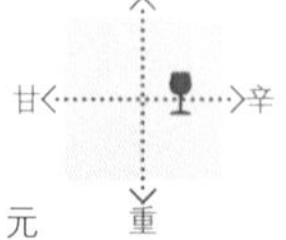

Richland Shiraz

富地西拉红葡萄酒

正宗澳大利亚葡萄酒
浓厚、富含自然美味

格里菲斯地区位于距悉尼西侧600千米左右的内陆之中。这里日照量非常大，存在温差，是栽培葡萄的最佳场所。因此，葡萄酒产业非常繁荣。该酿造厂于1945年由从意大利移居而来的卡拉布里亚夫妻创立。这里大规模生产者居多，该厂是少量生产非常重视品质的家族化经营酿造厂。在51公顷的自家田内，只栽培有机葡萄，庄园主人缪尔·卡拉布里亚作为酿造家发挥了自己的才能。2005年，该厂获得了“该年度新南威尔士州最佳酿造厂”称号，成为该地区最引人瞩目的酿造厂。

该西拉在澳大利亚州葡萄酒协会举行的品尝大会中，从676品种中脱颖而出，获得冠军。其浓厚的甘甜中又不失天然感，还具有西拉特有的莓果浓缩感和黑胡椒般辛辣口感。特别是在西拉与菜肴共同饮用时，更能发挥真正的价值。

- ◆色泽/红
- ◆品种/西拉
- ◆原产地/新南威尔士州
- ◆生产商/维斯特庄园
- ◆价格范围/1500~1999日元

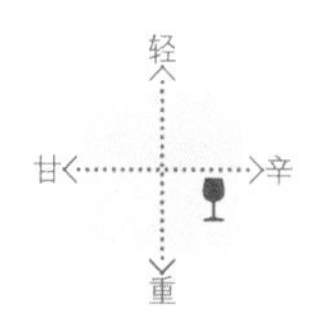

◆生产者荐言　　安德鲁·卡拉布里

在新南威尔士州，我们属于稀少的家族化经营酿造厂。我从小就从专业酿造师——父亲那里学习酿造，如今在该酿造厂担任厂长，发挥着自己的一技之长。我们以提供低价位、纯美味的葡萄酒为宗旨，一心致力于葡萄的栽培，同时还对自然派农法、手工采摘等进行实践。我们所酿造的葡萄酒价值高，实施酒樽熟成，具有极佳的平衡度。

Eternity Sparkling

威钻起泡葡萄酒

充满纯天然性
口感极佳的起泡性葡萄酒

维斯特庄园位于名酿地格里菲斯地区，以品质为优先考虑因素，进行葡萄酒的酿造。该庄园的葡萄栽培大体上以有机为主，因此，所酿造的葡萄酒以直接传达葡萄的天然甘甜为特征。味道不仅在澳大利亚国内，在意大利市场等地也得到高度评价。该起泡葡萄酒（包括沉淀物）需要在酒桶内熟成12个月后，再利用桶式酿造法进行2次发酵，口感舒畅，柔和的气泡滋润着整个喉咙。

- ◆色泽/起泡葡萄酒
- ◆品种/雪当利
- ◆原产地/新南威尔士州
- ◆生产商/维斯特庄园
- ◆价格范围/1000~1499日元

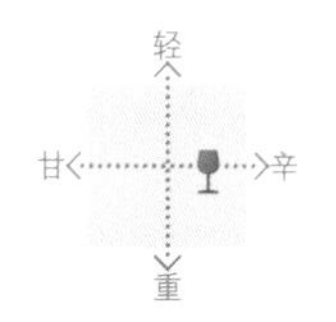

Blue Pyrenees Midnight Cuvée

蓝宝丽丝酒庄午夜浪漫汽酒王

熟成时间7年
如本地化香槟酒般优雅

该奢侈葡萄酒仅使用夜间收获的葡萄。柑橘类和榛子的香气，与复杂的酵母和熟成的香气相混合。青苹果和新鲜面包般香气、纯粹的酸味和细腻的气泡充满着无穷魅力，卓越超群。1963年，该酒庄被旗下拥有白兰地酿造厂、库克、白雪香槟的人头马集团收购，开始致力于本土香槟酒的开发和酿造。

- ◆色泽/起泡葡萄酒
- ◆品种/雪当利
- ◆原产地/维多利亚
- ◆生产商/蓝宝丽丝酒庄
- ◆价格范围/3000~3499日元

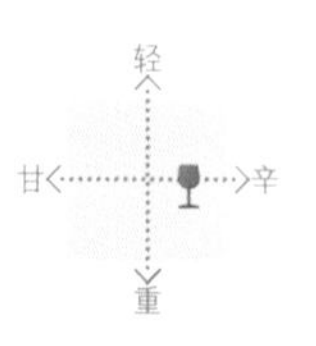

Lake's Folly Cabernet Sauvignon
福林湖庄园赤霞珠红葡萄酒

由专注于赤霞珠的酿造商打造

将手工摘取的葡萄轻轻捣碎后，利用传统的开放酒樽进行发酵，之后再在酒樽中熟成。酿造而成的葡萄酒具有土壤本身的香气和莓果系果香，风味显著。

- ◆色泽/红
- ◆品种/赤霞珠
- ◆原产地/猎人谷
- ◆生产商/福林湖庄园
- ◆价格范围/10000~14999日元

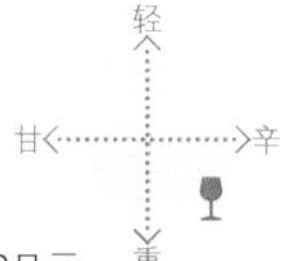

Woodblock Sakura Shiraz
木刻樱花西拉红葡萄酒

樱花插图给人留下深刻印象

该酿造商所处的考拉地区，与日本有着很深的渊源，所以该酒标显现的是樱花插图。该酒具有莓果系馥郁口感。

- ◆色泽/红
- ◆品种/西拉
- ◆原产地/考拉
- ◆生产商/伟度尔庄园
- ◆价格范围/3000~3499日元

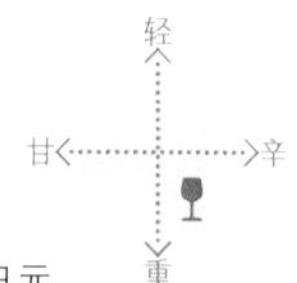

Rosemount Diamond Label Chardonnay
玫瑰山庄宝石酒标系列雪当利

香气浓郁的烈性白葡萄酒

该庄园的宗旨是“馥郁的果味”和“便于饮用”。该葡萄酒在具备热带水果和蜂蜜的甘甜香气的同时，酸味适中、口感清爽。

- ◆色泽/红
- ◆品种/雪当利
- ◆原产地/猎人谷
- ◆生产商/玫瑰山庄
- ◆价格范围/2000~2499日元

Clonakilla Shiraz Viognier
科罗纳科拉西拉维奥涅尔

宛如正宗派露迪山麓般

该葡萄酒以辛辣的香气为特征，而香气中又似乎包含着果肉丰富的黑莓和干草的香气。同时，单宁细腻、味道馥郁。

- ◆色泽/红
- ◆品种/西拉、维奥涅尔
- ◆原产地/堪培拉地区
- ◆生产商/科罗纳科拉
- ◆价格范围/8000~9000日元

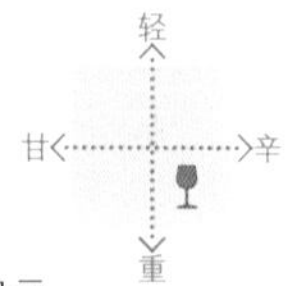

维多利亚州

近30年来，该地区的葡萄酒酿造业非常繁荣。知名产地有亚拉河谷、吉隆。在寒冷的气候下，黑皮诺和雪当利等勃艮第品种被广泛栽培，获得高度评价。

Coldstream Hills Pinot Noir

冷溪山酒庄黑皮诺红葡萄酒

融入品质上乘的单宁
优雅的红葡萄酒

该酒庄充分利用亚拉河谷的寒冷气候，一心致力于黑皮诺和雪当利的酿造。该黑皮诺入口后，熟透的莓果系水果和樱桃般香气开始扩散，给人留下非常优雅的印象。这一切与单宁均保持着完美的平衡，柔和的余味长留齿间。

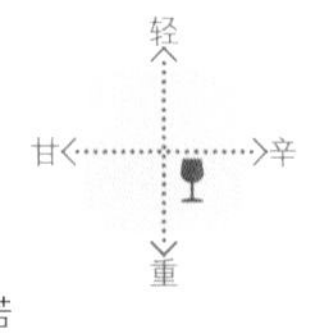

- ◆色泽/红
- ◆品种/黑皮诺
- ◆原产地/亚拉河谷
- ◆生产商/冷溪山酒庄
- ◆价格范围/3500~3999日元

Yarra Yering Pinot Noir

亚拉优领黑皮诺红葡萄酒

由亚拉河谷葡萄栽培的先驱者亲手打造
可以长久储藏的黑皮诺

酿造者不断地进行“混合比例、橡木酒樽种类、熟成年数”等各种实验，以开发独有的风格。虽然该酿造商并没有公开发布过其葡萄栽培及葡萄酒酿造的相关报道，也没有在葡萄酒展览上展示过自家葡萄酒，但由于该酒品质上乘，堪称黑皮诺中的极品，在全世界都有粉丝。它色泽鲜艳、口感柔和、味道复杂、百饮不腻。同时，还具有黑樱桃、大茴香、麦秆、丁香等香气，加上淡淡的土香，适中的酸味与单宁保持着完美的平衡。

- ◆色泽/红
- ◆品种/黑皮诺
- ◆原产地/亚拉河谷
- ◆生产商/亚拉优领
- ◆价格范围/10000~20000日元

De Bortoli Pinot Noir

德保利黑皮诺红葡萄酒

口感柔和、便于饮用

德保利公司自1928年创办以来，以高品质和诚信经营为依托，正在稳步发展。该公司所使用的葡萄来自于维多利亚州知名产地，它将传统与最新技术结合，采取更优的方法进行酿造。并且，从餐桌葡萄酒到优质葡萄酒，最大限度地发挥葡萄的品质特性。该黑皮诺具有熟透李子的风味，还有樱桃和草莓的香气，令人回味无穷。同时，该酒利用法国橡木酒樽进行熟成，味道非常复杂。

- ◆色泽/红
- ◆品种/黑皮诺
- ◆原产地/亚拉河谷
- ◆生产商/德保利
- ◆价格范围/4000~4499日元

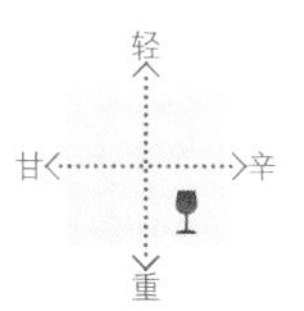

Mount Langi Ghiran Cabernet Merlot

朗节山庄赤霞珠梅尔诺

蕴涵寒冷地域特有的极致
味道柔和细腻

朗节山庄位于维多利亚州西部的朗节山，葡萄田位于海拔350米处，是维多利亚州葡萄收获最慢的地区之一。夜晚来自山间的冷空气，入秋时节山脉背阴处日照时间减少等因素，均使葡萄的成熟需要花费时间一点点进行。这对优质葡萄酒的栽培起到了极大作用。

该红葡萄酒由赤霞珠和梅尔诺混制而成，赤霞珠特有的黑莓香气与梅尔诺的李子及樱桃香气完美地结合在一起。它没有明显的强烈香气，有的只是无尽的柔和情趣。另外，它具有寒冷地区赤霞珠特有的野性味道，口味极佳。

- ◆色泽/红
- ◆品种/赤霞珠、梅尔诺
- ◆原产地/甘皮恩
- ◆生产商/朗节山庄
- ◆价格范围/6500~6999日元

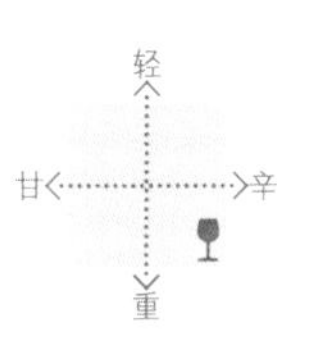

Bass Phillip Premium Pinot Noir
巴斯菲利浦优质黑皮诺

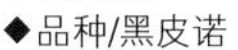

稀少珍贵、高价值的黑皮诺

该红葡萄酒由致力于黑皮诺的卡里斯玛葡萄酒酿造厂酿造。其味道复杂、极其优雅、余味永存，甚至会渗透于呼吸之中。该葡萄酒生产量极低，让葡萄酒爱好者向往不已。

轻 甘 辛 重

- ◆色泽/红
- ◆品种/黑皮诺
- ◆原产地/吉普斯兰岛
- ◆生产商/巴斯菲利普
- ◆价格范围/20000~30000日元

Chandon Vintage Rosé
道门酒庄玫瑰年份香槟

细腻清爽的起泡葡萄酒

漂亮的橙红色、香草及花朵般微微的清新香气，清爽洒脱、口感极佳。

轻 甘 辛 重

- ◆色泽/起泡葡萄酒
- ◆品种/黑皮诺、雪当利、莫尼耶皮诺
- ◆原产地/维多利亚
- ◆生产商/道门酒庄
- ◆价格范围/3000~4000日元

Goulbum Terrace Moon Chardonnay
高尔本特勒斯月光雪当利

酸味纯粹、手工酿造

该葡萄酒由酿造商采取有机农法酿造而成。香气清爽、清新、充满生机、口感浓烈。

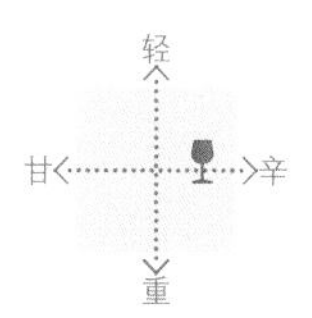

- ◆色泽/白
- ◆品种/雪当利
- ◆原产地/ 高尔本谷
- ◆生产商/高尔本特勒斯
- ◆价格范围/5000~5499日元

Brown Brothers Shiraz
布朗兄弟西拉红葡萄酒

单宁极其均衡的红葡萄酒

该酿造厂是澳大利亚最悠久的家族化经营酿造厂之一。该葡萄酒具有清新的莓果系果实和香料的风味，在橡木新酒樽中熟成，也为该酒添入了复杂口味。

- ◆色泽/红
- ◆品种/西拉
- ◆原产地/维多利亚
- ◆生产商/布朗兄弟
- ◆价格范围/2000~2499日元

Castagna Genesis Syrah
格纳山庄西拉红葡萄酒

使用100%有机栽培的葡萄

该100%西拉红葡萄酒使用通过有机农法栽培的葡萄，以纯深红色色调为主，具有紫罗兰、玫瑰花瓣、熏制和土壤等复杂香气，口感馥郁。

轻 甘 辛 重

- ◆色泽/红
- ◆品种/西拉
- ◆原产地/ 维多利亚
- ◆生产商/格纳山庄
- ◆价格范围/12000~13000日元

新西兰

寒冷的气候，酿造出细腻且天然的葡萄酒

新西兰分为北岛和南岛，四周环海。一般而言，降水量较多的土壤并不适合栽培葡萄，但是近年来，新西兰作为优雅味道葡萄酒的生产国，备受瞩目。虽然当地葡萄酒生产的历史还比较短，但是在1973年，马尔堡地区就开始栽培以商业用为基础的葡萄品种了。之后，到了20世纪80年代，该地区的赤霞珠备受关注，而在20世纪90年代时，黑皮诺的高品质亦得到高度评价。

在新世界，新西兰最大的特点是气候寒冷。总体来讲，该地葡萄酒的味道很清新。新西兰非常盛行长相思、雪当利、黑皮诺等适合寒冷气候的品种的栽培，被评价为“南半球的德国”。由于昼夜温差很大，所酿造的葡萄酒具有浓缩、均衡的果

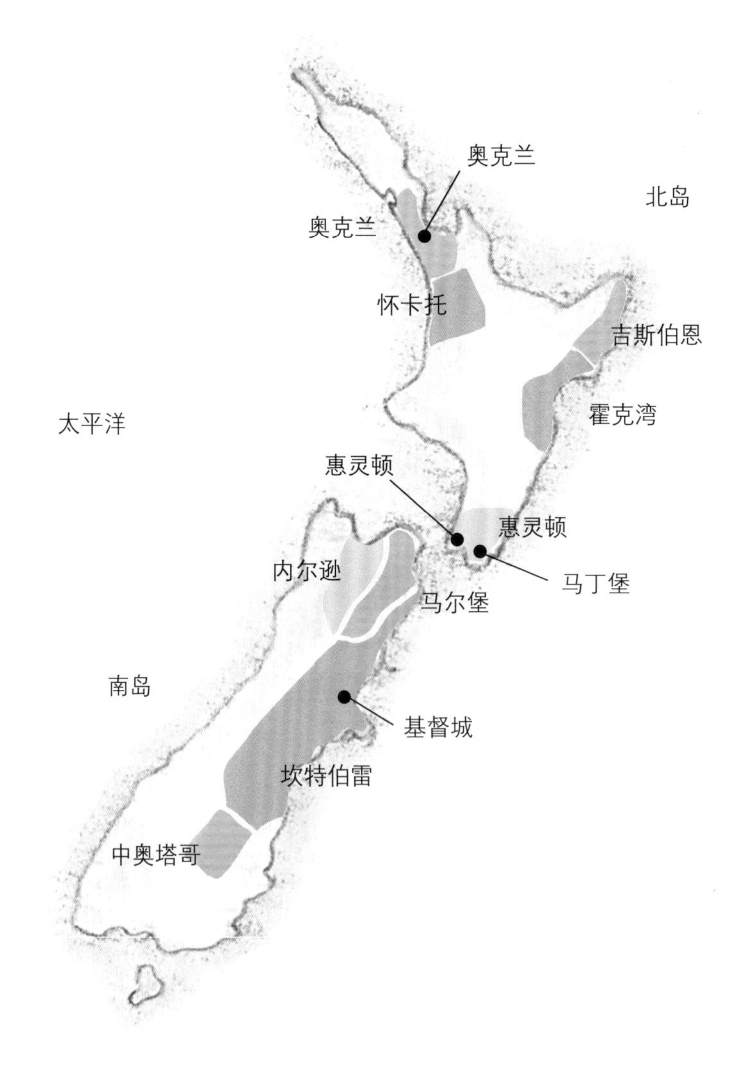

味，而又不失酸性。而且，还有许多较小规模的酿造厂，它们秉着“质比量重要”的原则，以饱满的热情从事着葡萄酒酿造。

代表性产地有——以梅尔诺、赤霞珠等波尔多品种，以及雪当利为主的“霍克湾”，作为黑品诺名酿而名声大震的“马丁堡”，以长相思而知名的“马尔堡”等。与马丁堡相邻的“内尔逊”只有12家酿造厂，是非常小的产地，但其葡萄酒品质与马尔堡并驾齐驱，性价比极高，很受人们的欢迎；以生产优质黑品诺和灰皮诺而知名的产地“中奥塔哥”也不能忽视。

新西兰的主要葡萄酒产地

〈马尔堡〉

马尔堡位于南岛的东北方向，是新西兰葡萄酒飞跃发展的核心，也是国内最大的葡萄酒产地。它始于1973年，那时，一家大型酿造厂进行了葡萄田的开垦，所种植的长相思获得了国际性好评，产地马丁堡作为知名酿造地，名声鹊起。

〈霍克湾〉

位于北岛的霍克湾，葡萄的栽培面积位居第2名。它在葡萄栽培和葡萄酒酿造方面已有100年历史，是一块古老的产地。由于日照时间很长，所以它以红葡萄为傲，酿造的多数葡萄酒均酒体醇厚。主要品种有：雪当利、赤霞珠、梅尔诺、长相思。而生产的西拉以味道清凉为主要特征。

〈马丁堡〉

马丁堡位于北岛最南端的惠灵顿，被公认为新西兰品质最优的产地。黑皮诺在新西兰获得最高评价。由于该地区气温低、降水量少、土壤贫瘠，所以葡萄酒口味十分优雅。小规模酿造厂很多，常被比做是“勃艮第”。

〈中奥塔哥〉

在新西兰的葡萄田中，中奥塔哥的海拔是最高的，也是全世界葡萄酒产地中，位于最南端的小型产地。在新西兰，它是唯一一个大陆性气候的地区，其土壤复杂，生长的葡萄富含特性。由于昼夜温差大，葡萄能够完全成熟，所酿造的黑皮诺果味浓烈。

〈内尔逊〉

内尔逊整个地区的80%都是葡萄田，属于葡萄酒专用产地，种植着雪当利、长相思、黑皮诺、威士莲等各种葡萄。该产地距离马尔堡很近，气候和土壤也非常相似，但还没有被人们熟知，所以葡萄酒价格比较便宜，容易买到。

Cloudy Bay Sauvignon Blanc
云雾之湾长相思白葡萄酒

清爽的果味重重
馥郁感在口中蔓延

在日本，最知名的新西兰酿造厂便是云雾之湾。该酿造厂的长相思，具有柠檬及酸橙等柑橘类果香，非常清爽。层层迭起的清新果味，完美的浓缩感，柔和舒畅的酸味，充满于整个口腔。

- ◆色泽/白
- ◆品种/长相思
- ◆原产地/ 马尔堡
- ◆生产商/云雾之湾
- ◆价格范围/3000~3499日元

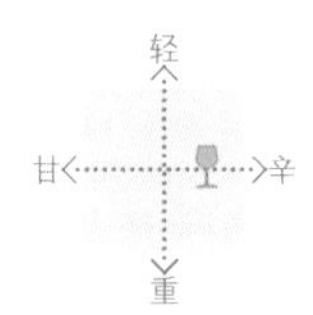

Dog Point Section 94
多吉帕特酒庄94号园白葡萄酒

西拉的香气十分清爽
口感倍加舒畅

该葡萄酒使用特定划分田内的长相思，在古老橡木酒樽中进行18个月的熟成。它混合着白色花朵及葡萄柚等香气，产生的酵母及沉淀物十分优良。亦有强烈的柑橘类果香、均衡感和舒畅的余味。

- ◆色泽/白
- ◆品种/长相思
- ◆原产地/ 马尔堡
- ◆生产商/多吉帕特酒庄
- ◆价格范围/4500~4999日元

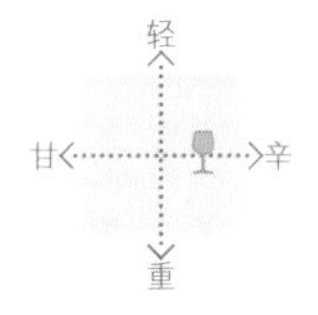

Kauri Bay Pinot Gris
贝壳湾灰皮诺白葡萄酒

散发着果实及香料的浓缩香气

该白葡萄酒具有满溢的桃香以及香料的香气。味道浓厚，口感美妙清新，余味悠长优雅。

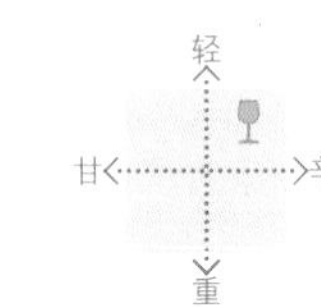

- ◆色泽/白
- ◆品种/灰皮诺
- ◆原产地/ 马尔堡
- ◆生产商/贝壳湾
- ◆价格范围/2500~2999日元

Villa Maria Pinot Noir Reserve
新玛利珍藏黑皮诺红葡萄酒

由新西兰的酿造先锋亲自打造
黑皮诺的最高峰

与新西兰其他地区相比，马尔堡黑皮诺的酸味、果味及矿物质感保持着完美的平衡，味道精彩独特。

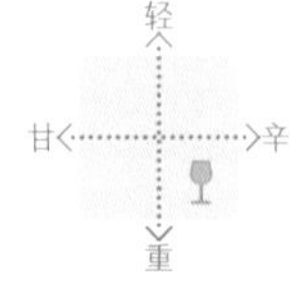

- ◆色泽/红
- ◆品种/黑皮诺
- ◆原产地/ 马尔堡
- ◆生产商/新玛利庄园
- ◆价格范围/7500~7999日元

Burnt Spur Sauvignon Blanc

激情前进酒庄长相思白葡萄酒

果味浓郁、酸味浓烈
醇厚优雅的白葡萄酒

马丁堡是新西兰的小型葡萄酒产地之一。该地年降水量少、气候与勃艮第极其相似，而且，垆坶质土壤层的土壤排水效果好，使其成为新西兰国内最适合栽培黑皮诺的土地而闻名天下。在马丁堡的葡萄酒酿造商中，激情前进酒庄是首屈一指的生产高级葡萄酒的酿造商，它在2002年新西兰葡萄酒表彰中荣获金奖。

尽管人们对土壤条件和黑皮诺十分关注，而白葡萄酒，特别是此款长相思，才是激情前进酒庄的代表。尽管马丁堡气候寒冷，但阳光灿照，因此葡萄的果味非常浓郁。该葡萄酒具有十足的矿物质感和似乎要崩裂开来的酸味。透过该酒的优雅口味，便能看出该酿造商的强大实力。

- ◆色泽/白
- ◆品种/长相思
- ◆原产地/ 马丁堡
- ◆生产商/激情前进酒庄
- ◆价格范围/2500~2999日元

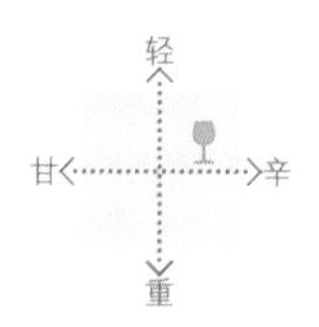

◆生产者荐言　　保罗・梅森

激情前进酒庄距离马丁堡8千米，是一个家族化经营的酿造厂，因为只有小型单一的葡萄田，所以生产的葡萄酒数量极少。以“优质葡萄酒从葡萄田而来”为信条，酿造平衡度高、不影响与菜肴搭配、细腻的葡萄酒是我们的目标。幸运的是，我们的酿造厂也获得了高度评价。相信我们的白葡萄酒非常适合与食物相搭配，请您一定要品尝一下！

Burnt Spur Pinot Noir
激情前进酒庄黑皮诺红葡萄酒

完美的味道、实力派黑皮诺

樱桃及酒樽的香气和柔和的单宁，使该红葡萄酒的味道非常完美。该正宗派黑皮诺使用克隆DRC（Domaine de la Romanée-Conti“罗曼尼·康帝庄园”）拉塔希的葡萄，需要在法国橡木酒樽中熟成。

- ◆色泽/红
- ◆品种/黑皮诺
- ◆原产地/ 马尔堡
- ◆生产商/激情前进酒庄
- ◆价格范围/4000~4499日元

轻
甘 辛
重

Dry River Pinot Noir
干河酒庄黑皮诺红葡萄酒

知者知之、膜拜葡萄酒

该酒由生产最高水平黑品诺的顶级酿造商酿造而成，味道柔和细腻。它在熟成的过程中，逐渐散发出复杂香气。建议长期发酵后饮用。

- ◆色泽/红
- ◆品种/黑皮诺
- ◆原产地/ 马尔堡
- ◆生产商/干河酒庄
- ◆价格范围/12500~12999日元

轻
甘 辛
重

Ata Rangi Pinot Noir
阿塔兰基酒庄黑皮诺红葡萄酒

自始自终保持着重视品质的姿态
浓缩浓厚

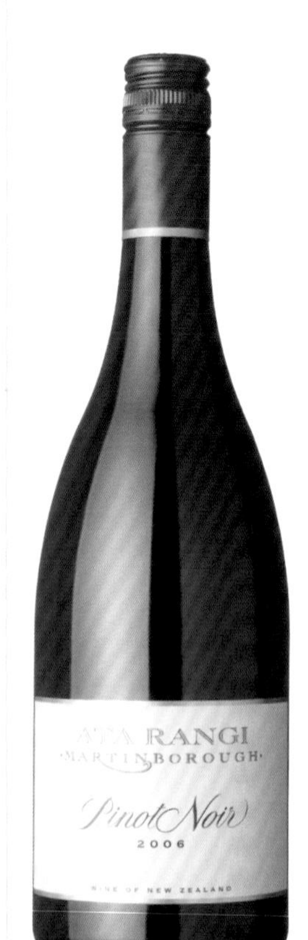

该酒庄葡萄酒的特点是柔和细腻。即使是黑皮诺，也会强烈地体现出此特征。柔和细腻的单宁和优雅的酸味，支撑着新鲜李子和熟透黑樱桃的芳醇果味。随着时间推移，野性及土壤味的魅力也将散发出来。

- ◆色泽/红
- ◆品种/黑皮诺
- ◆原产地/ 马丁堡
- ◆生产商/阿塔兰基酒庄
- ◆价格范围/8500~8999日元

Te Awa Sauvignon Blanc
神之河长相思白葡萄酒

果味及矿物质感馥郁
浓烈、口感香醇

该家族化经营酿造厂位于霍克湾的吉布利特砾石区，虽然规模较小，但最大限度地专门栽培葡萄酒专用葡萄。名字“Te Awa”表示流经该葡萄田的小河，可以理解为风土条件。该酿造厂无愧此名，酿造出的葡萄酒味道极佳。该白葡萄酒具有在酒樽熟成的浓烈味道，芳醇的热带果香和香草感令人舒畅，入喉清爽。

◆色泽/白
◆品种/长相思
◆原产地/霍克湾
◆生产商/神之河
◆价格范围/2500~2999日元

Te Awa Merlot
神之河梅尔诺红葡萄酒

强劲有力与风味优美相融合
香气均衡馥郁

采取马尔白克与梅尔诺一起发酵的新式方法，最大限度发挥葡萄的特性。通过在酒樽中熟成15个月，形成浓烈且柔和的单宁。饮入口中，便能充分感到樱桃及李子的香气，矿物质感扑鼻而来，喉底回甘。

◆色泽/红
◆品种/马尔白克、梅尔诺
◆原产地/霍克湾
◆生产商/神之河
◆价格范围/2500~2999日元

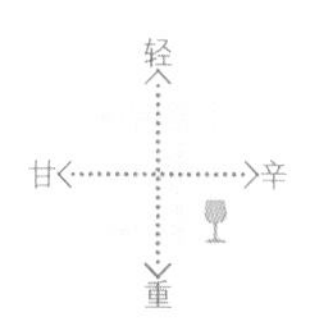

Sileni Estate Selection Chardonnay
思兰尼庄园雪当利白葡萄酒

使用单一田葡萄
细腻的白葡萄酒

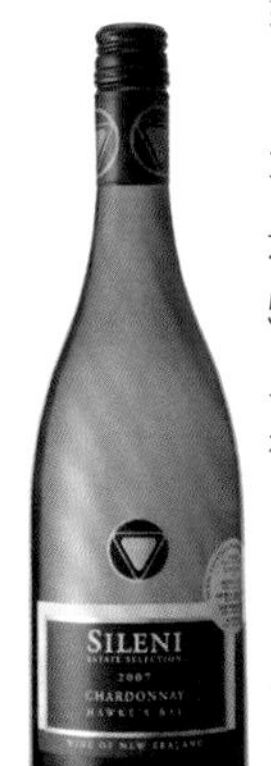

该酒采用理想气候、干燥砾石土壤的条件下栽培的葡萄，通过传统技术酿造而成。具有保存5~10年的潜在可能性，不过即使立即饮用，也能感受到它复杂均衡的口味。

◆色泽/白
◆品种/雪当利
◆原产地/霍克湾
◆生产商/思兰尼庄园
◆价格范围/2500~2999日元

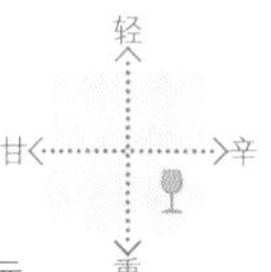

Te Mania Pinot Noir
德玛尼黑皮诺红葡萄酒

内尔逊顶级酿造商亲手打造
果味馥郁的红葡萄酒

德玛尼家族化经营酿造厂创办于1990年，位于南岛的内尔逊。这里与马尔堡毗邻，虽然历史还比较短，但生产的长相思及黑皮诺的品质非常突出。该酿造厂的葡萄田位于塔斯曼湾沿岸，昼夜温差大，这对葡萄的生长产生了积极影响。

该黑皮诺为了充分表现葡萄本身的纯粹果味及品种的特征，酿造过程中尽可能不使用酒樽，而是采用低温发酵，且只在酒樽中熟成整体的40%。最终酿造而成的葡萄酒具有清新馥郁的果味。该酿造厂秉着“在未成熟时亦可享用”的宗旨进行葡萄酒的酿造，酿造而成的葡萄酒味道极其复杂。口感柔和、温和的单宁使余味更加悠长。黑樱桃、李子及黑莓和香料的风味相协调，完成度很高。

- ◆色泽/红
- ◆品种/黑皮诺
- ◆原产地/内尔逊
- ◆生产商/德玛尼
- ◆价格范围/2500~2999日元

◆生产者荐言　　约翰·哈里

内尔逊地区只有12家酿造厂，但这里真的很适合栽培优质的葡萄，它属于地中海气候，与新西兰首屈一指的知名酿造地——马尔堡相近，自然风使其远离病虫灾害等侵害，所以几乎不必使用农药就可以栽培纯天然派葡萄。内尔逊的葡萄酒被评价为“只花一半的钱，就能买到与马尔堡同样品质”，相信今后它在全世界会更受关注!

Te Mania Chardonnay
德玛尼雪当利白葡萄酒

正宗新西兰白葡萄酒 具有酸味和矿物质

该葡萄酒由内尔逊地区葡萄的代表品种——雪当利酿造而成。淡雅的酒樽风味，夹杂着葡萄酒固有的韵味。

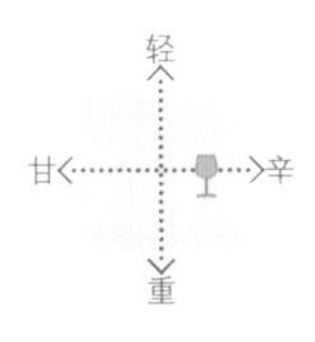

- ◆色泽/白
- ◆品种/雪当利
- ◆原产地/内尔逊
- ◆生产商/德玛尼
- ◆价格范围/2000~2499日元

Te Mania Ice Wine
德玛尼冰酒

新西兰的稀有冰酒

该葡萄酒使用冰冻葡萄酿造而成，同时具有舒畅的酸味和甘甜。它那桃子及杏、蜂蜜的浓缩甘甜，真是美妙极了。

- ◆色泽/白
- ◆品种/长相思
- ◆原产地/内尔逊
- ◆生产商/德玛尼
- ◆价格范围/3000~3499日元（375ml）

Te Mania Three Brothers
德玛尼三兄弟红葡萄酒

波尔多风格的调配葡萄酒

该葡萄酒由梅尔诺、马尔白克、品丽珠混合酿造而成。它需要酒樽熟成10个月，酿造出来的葡萄酒充分地表现出了莓果和黑醋栗，以及烟熏味的酒樽香气和香料。

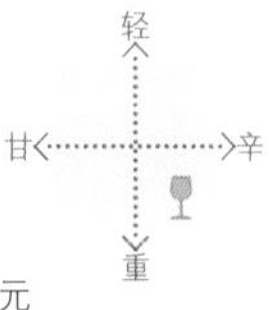

- ◆色泽/红
- ◆品种/马尔白克、品丽珠、梅尔诺
- ◆原产地/内尔逊
- ◆生产商/德玛尼
- ◆价格范围/2500~2999日元

专栏 关于有机农法

在这一部分出现很多“有机葡萄酒”，它是指通过有机农法（通过发挥生物的潜在能量来进行作物的栽培）酿造而成的葡萄酒。人们根据耕作全年工作表，采用多种独特的方式进行田间活动。该耕作全年工作表的核心，即是天体的运行。根据月亮的阴晴月缺以及行星的位置，来决定合适的田间活动。

这种有机农法，以现代科学无法解释清楚的宇宙力为基础，也许正因如此，把实践这种农法作为第一要义的生产者很少。不容置疑，有机农法更加贴近天然，但是如果还希望葡萄酒更美味的话，最好去值得信赖的葡萄酒店进行具体咨询。

Mt. Difficulty Pinot Gris
困难山酒庄灰皮诺白葡萄

奶酪般的柔和、果肉十分浓厚
给人带来热带余韵的印象

该酿造厂于1998年创建于奥塔哥地区，所产的雪当利得到公认的好评。该葡萄酒作为新时代品种，使用值得期待的自家田灰皮诺。拥有甘甜水果的香味，馥郁柔滑的口感，以及浓烈的味道。

◆色泽/白
◆品种/灰皮诺
◆原产地/中奥塔哥
◆生产商/困难山酒庄
◆价格范围/3500~3999日元

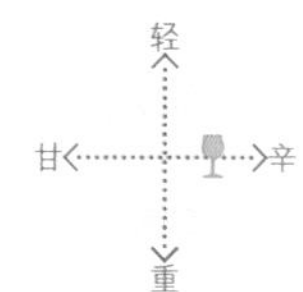

Providence
普罗维登斯红葡萄酒

受到全世界葡萄酒爱好家的追捧
天然派葡萄酒、味道堪称奇迹

在马塔卡纳仅仅2公顷的庄园里，自始至终采用无农药、无亚硫酸盐添加等栽培及酿造的方法。该葡萄酒由追求理想化的酿造厂酿造，自1993年初次酿造以来，在全世界获得了高度评价。丰富的果味具有浓缩感，余味悠长，整体平衡度极佳。

◆色泽/红
◆品种/梅尔诺、品丽珠、马尔白克
◆原产地/马塔卡纳
◆生产商/普罗维登斯
◆价格范围/16000日元以上

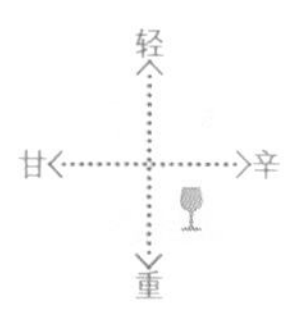

Felton Road Pinot Noir Cornish Point
费尔顿路康朋庄园黑皮诺红葡萄酒

果实的纯粹风味被充分发掘

该红葡萄酒具有异国情调的香料香气和浓郁的味道。它并不过于浓烈，各成分平衡度极佳，给人留下华丽典雅的印象。

◆色泽/红
◆品种/黑皮诺
◆原产地/中奥塔哥
◆生产商/费尔顿路
◆价格范围/8000~9000日元

轻
甘 辛
重

Rippon Pinot Noir
里鹏酒庄黑皮诺红葡萄酒

寒冷气候的风土条件的表现

该酿造商的旗舰葡萄酒，大约在酒樽中充分熟成1年半时间，具有舒畅的果味和惬意的酸味，核心味道十分清晰。

◆色泽/红
◆品种/黑皮诺
◆原产地/中奥塔哥
◆生产商/里鹏酒庄
◆价格范围/6000~6499日元

南美·南非·其他

South America, South Africa etc.

智利

浓郁的果味是最大魅力
明星葡萄酒逐步登场

智利葡萄酒凭着“既便宜又美味”的优点，在日本也很受欢迎。它具有丰富的果味和浓缩感，在全世界得到人们的广泛喜爱。智利西临太平洋、东临安第斯山脉，处于自然要塞之中。葡萄根瘤蚜（葡萄的天敌）会使全世界绝大多数地区的葡萄种植受到重大打击，而智利却可以免受其害，同时，智利的土壤能够直接继承欧洲传统品种而不必嫁接。这种得天独厚的环境被人们感叹“不可能酿出难喝的葡萄酒”。

20世纪90年代，智利招揽了许多积极的海外资本，通过出口来振兴政策。此时很多欧洲酿造厂打入智利市场，使用近代酿造技术酿造世界顶级葡萄酒，使其出口量一路飙升。在使用国际品种酿造高品质

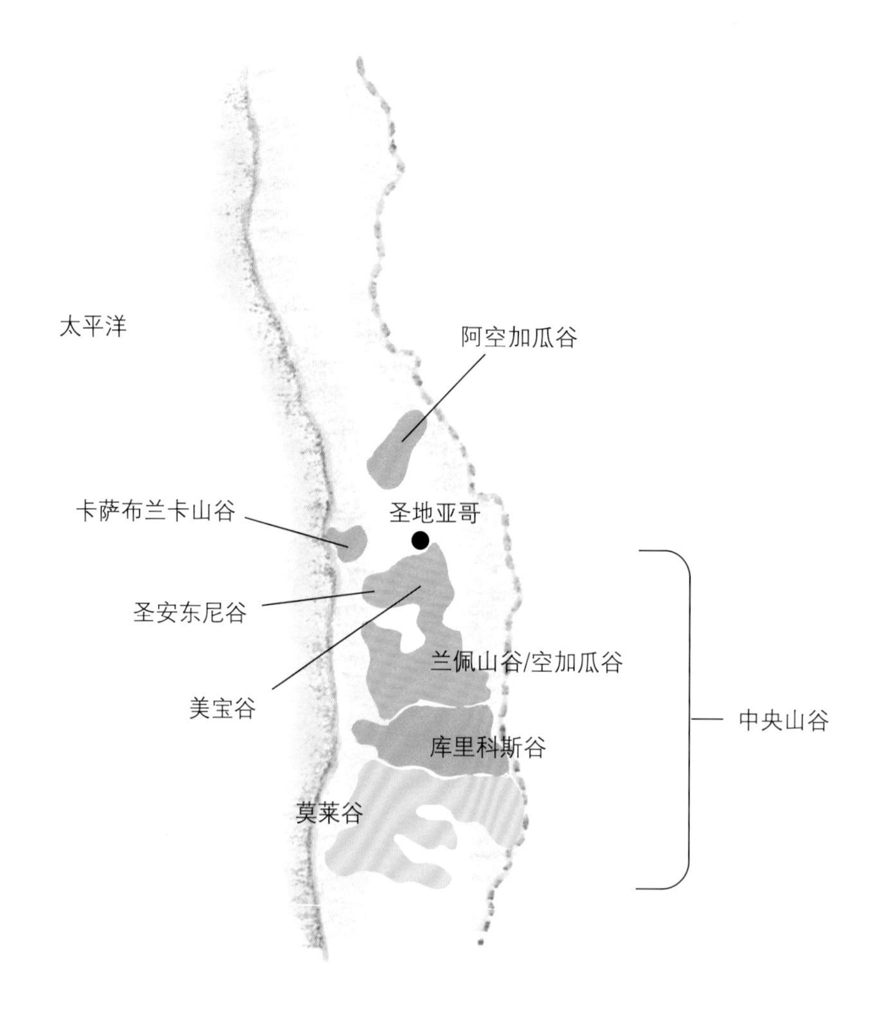

葡萄酒的同时，智利也会使用原有的品种酿造方便型的葡萄酒。

提到智利国产品种，人们马上会想到佳美娜，它最初产自法国波尔多。之后由于葡萄根瘤蚜的侵害，佳美娜几乎在波尔多地区绝迹。幸运的是，在葡萄根瘤蚜侵袭之前，佳美娜就被殖民者带到了智利，在这里扎了根。佳美娜很适应智利的气候，栽培面积也在一直扩大，如今它已经成为智利的主要品种。它具有辛辣及香草般的独特香气，魅力四射的味道是它独有的特色。

智利的代表性产地是中央山谷，它以葡萄酒生产量最大为傲。受太平洋寒流的影响，中央山谷虽然纬度不高，气温却并不高，属于地中海气候。近年来，中央山谷以生产更高品质的葡萄酒为目标，不断在更寒冷的地域开拓葡萄田。

智利的主要葡萄酒产地

〈美宝谷〉

美宝谷位于首都圣地亚哥近郊，是智利的主要葡萄酒产地，葡萄栽培历史可以追溯到19世纪初期。这里土壤肥沃，气温高，属于适合葡萄栽培的地中海气候，因此黑葡萄长势极佳。该地酿造大量赤霞珠、西拉、梅尔诺、山粉黛等混制而成的优质葡萄酒，大有压倒欧洲葡萄酒的趋势，越来越得到人们的关注。

〈空加瓜谷〉

空加瓜谷是智利第二大葡萄酒产地，许多主要的大型酿造厂都坐落在此。主要品种有赤霞珠、长相思等波尔多品种，非常有名。与美宝谷一样，该地生产许多低价位、高品质的葡萄酒。

〈卡萨布兰卡谷〉

卡萨布兰卡谷是从1982年开始种植葡萄树的新产地。它位于瓦尔帕莱索港附近，被寒冷气流和雾气笼罩，非常凉爽。近年来，作为雪当利的著名酿造地而名气上涨。一部分生产者也试着栽培黑皮诺，开始酿造勃艮第般优雅的葡萄酒。

〈阿空加瓜谷〉

阿空加瓜谷位于智利最北端，是酿造优质葡萄酒的产地，也是智利最炎热的产地。该产地不断打造与波尔多口感相似的浓郁葡萄酒，智利最知名的生产者马克西米诺也出生于此地，他所酿造的葡萄酒在一次与波尔多高档葡萄酒的对决中取得了胜利。它是仅次于美宝的高级葡萄酒产地。

〈库里克斯谷〉

库里克斯谷是智利国内葡萄栽培面积最大的葡萄酒产地。红葡萄酒的栽培量很大，其中，著名酿造区“圣乔治”的赤霞珠非常有名。同时，库里克斯谷也栽培有梅尔诺、佳美娜等，与其他产地相比，该地树龄较高，葡萄酒的味道更加醇厚浓烈。

Unusual Cabernet Zinfandel Shiraz

不寻常赤霞珠山粉黛西拉

显示着智利葡萄酒的高水平
珍贵稀少的调配葡萄酒

提到智利的美宝谷，该高级葡萄酒产地零星分布着干露酒厂、宝龙菲利普等大型酿造厂。泰瑞麦特酿造厂创建于1996年，比较年轻，但其根源要追溯到20世纪初期。由先祖乔斯・卡妮巴开拓的这片土地，地域辽阔，自然条件得天独厚。

此款不寻常西拉是泰瑞麦特的顶级葡萄酒。它由法国赤霞珠、美国山粉黛、澳大利亚西拉——3个国家中最有人气的品种巧妙地混制而成，味道复杂、浓缩感强、强劲有力、味道至上，每年生产量仅有6000瓶。2005年，该葡萄酒在智利的最高峰葡萄酒大赛CATAD'OR-HYATT上，从500瓶葡萄酒中脱颖而出，获得了第一名。作为智利葡萄酒的顶峰，该酒具有极高的人气。

- ◆色泽/红
- ◆品种/赤霞珠、山粉黛、西拉
- ◆原产地/美宝谷
- ◆生产商/泰瑞麦特
- ◆价格范围/3500~3999日元

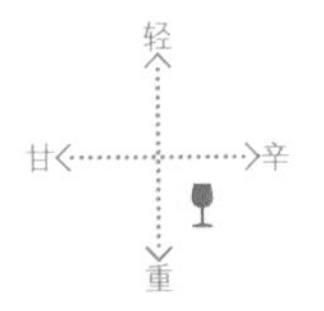

◆生产者荐言　　阿尔弗烈德・卡尼巴

酿造厂名称"Terra Mater"是"母亲大地"之意，正如其名，我们采取保护地球母亲的农法来栽培葡萄。该厂创建于1996年，比较年轻，但葡萄的栽培历史要追溯至100年前，在自家葡萄田中，有的古树树龄已超过100年。在智利，酿造厂可以低成本酿造葡萄酒，所以性价比很高。智利作为葡萄酒生产国，超过法国和意大利的日子或许并不那么遥远了。

Altum Merlot
泰瑞麦特庄园极品梅尔诺

曾在世界比赛中荣获金奖的红葡萄酒

该葡萄酒使用中央山谷的葡萄产地——美宝谷单一田内的有机葡萄。而且，它只在葡萄收成最好的年份进行生产。香气新鲜，如同刚刚采摘下来的李子。具有梅尔诺特有的柔和口感以及长期熟成产生的浓缩感，它味道复杂，余味悠长，平衡度恰到好处，无可挑剔。曾在世界比赛中荣获金奖。

- ◆色泽/红
- ◆品种/梅尔诺
- ◆原产地/美宝谷
- ◆生产商/泰瑞麦特
- ◆价格范围/1500~1999日元

Vineyard Reserve Chardonnay
泰瑞麦特庄园珍藏雪当利

味道醇厚浓烈的白葡萄酒

新鲜的果味和酒樽熟成产生的浓郁香气完美地结合在一起，口感柔和，余味悠长。可以作为餐前酒，特别适合与海鲜和奶酪等搭配饮用。

轻
甘 辛
重

- ◆色泽/白
- ◆品种/雪当利
- ◆原产地/美宝谷
- ◆生产商/泰瑞麦特
- ◆价格范围/1000日元以下

Vineyard Reserve Cabernet Sauvignon
泰瑞麦特庄园珍藏赤霞珠

浓烈与纯粹的味道相融合

赤霞珠是该酿造厂的得意之作。该葡萄酒味道浓烈，口感自然。

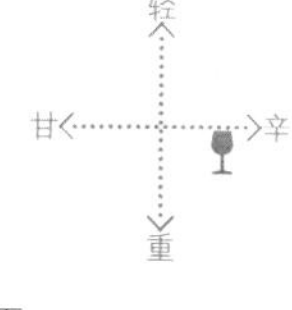

- ◆色泽/红
- ◆品种/赤霞珠
- ◆原产地/美宝谷
- ◆生产商/泰瑞麦特
- ◆价格范围/1000日元以下

Altum Shiraz
泰瑞麦特庄园极品西拉

智利西拉的代表

该葡萄酒具有浓浓的果味，馥郁的口感，梅干的香气，充满了浓缩感。同时，还散发着香料产生的强劲香气，口味醇厚。

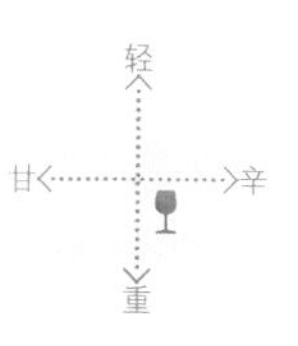

- ◆色泽/红
- ◆品种/西拉
- ◆原产地/美宝谷
- ◆生产商/泰瑞麦特
- ◆价格范围/1500~1999日元

Almaviva

活灵魂红葡萄酒

平衡与复杂并存
档次感十足的红葡萄酒

该优质葡萄酒是酿造商秉着“只酿一瓶最高品质的葡萄酒”的宗旨酿造而成的。酿造商只使用自家85公顷葡萄田中的葡萄，即使市场需求量增加，该葡萄酒的生产量也不会增加，属于稀少品种。如此稀少的葡萄酒，魅力四射的深红宝石色给人留下深刻的印象。由于它使用赤霞珠、佳美娜、品丽珠品种，所以在巧克力、黑醋栗及莓果类相混合的香气中，也能感受到咖啡、杉树和橘皮等香气，口味非常复杂。熟透的单宁味道浓烈，余味极其细腻。

- ◆色泽/红
- ◆品种/赤霞珠、佳美娜、品丽珠
- ◆原产地/美宝谷
- ◆生产商/活灵魂酿造商
- ◆价格范围/12000~13000日元

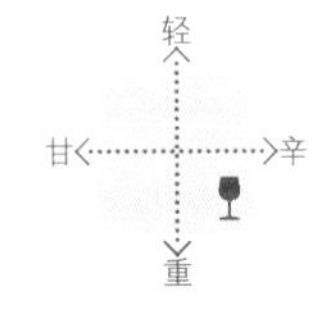

Cono Sur Cabernet Sauvignon 20 Barrels

柯诺苏酒庄20桶系列赤霞珠

只使用特定葡萄田的葡萄
年产仅20桶

柯诺苏酒庄即使在日本也被人所知，而20桶系列是该酒庄引以为傲的最高系列。该名字的由来是这样的，针对每一品种的葡萄，在最适合其生长的地域都会有20桶专用葡萄田。该葡萄酒便是通过葡萄田中精心栽培的葡萄严格筛选酿造而成的。它需要通过手工采摘方式，收获最优赤霞珠，而后在法国酒樽中熟成14个月，之后再装入成瓶，最后酿造而成的葡萄酒具有浓烈的核心味道、果味和单宁，余味悠长。也有醋栗和莓果、土壤及烟草的香气。

- ◆色泽/红
- ◆品种/赤霞珠
- ◆原产地/美宝谷
- ◆生产商/柯诺苏酒庄
- ◆价格范围/2500~2999日元

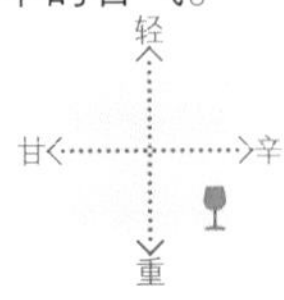

Don Melchor Cabernet Sauvignon

魔爵红赤霞珠

成就了智利赤霞珠的荣誉

该葡萄酒近黑色的紫色色泽，是日照量充足的智利所特有的。同时还有熟透的李子、巧克力以及微微的香草和薄荷的香气。柔和的单宁，为浓缩的果味带来了淡淡的甘甜。可以长期保存，而在未成熟时，充满生机的口感亦十分迷人。

- ◆色泽/红
- ◆品种/赤霞珠
- ◆原产地/美宝谷
- ◆生产商/干露酒厂
- ◆价格范围/9000日元以上

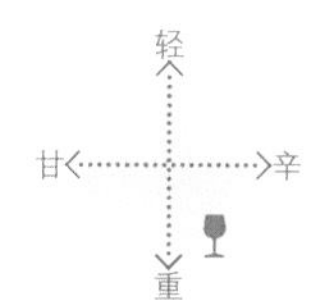

William Fevre Chardonnay Gran Cuvée

威廉费尔限量版优质雪当利

源于法国、为追求新天地移栽至此
传说中的酿造师亲手打造

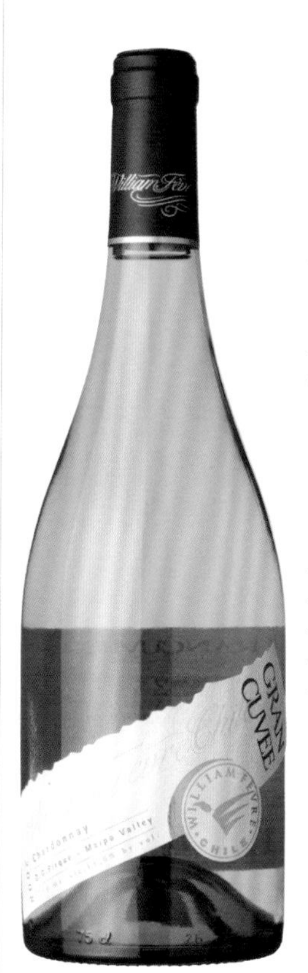

该葡萄酒来自于生产量限量的小型酿造厂，由堪称达到夏布利顶点的“传说之人”——威廉费尔使出浑身解数亲手打造。它使用勃艮第原产的克隆葡萄树，通过过滤后装入成瓶。味道优雅，具有矿物质感。

- ◆色泽/白
- ◆品种/雪当利
- ◆原产地/美宝谷
- ◆生产商/威廉费尔
- ◆价格范围/2000~2499日元

Unusual Carmenere Shiraz

不寻常佳美娜西拉

品质上乘、非同寻常

佳美娜具有智利特有的浓郁果味，西拉则口感极其突出，而该酒将二者绝妙地融合在一起。强劲有力、口感柔和、充满魅力。

- ◆色泽/红
- ◆品种/佳美娜、西拉
- ◆原产地/美宝谷
- ◆生产商/泰瑞麦特
- ◆价格范围/3500~3999日元

轻
甘 辛
重

Mater

麦特葡萄酒

仅酿造150盒装
精选特酿版

该葡萄酒使用美宝谷最优划分田美宝岛内的葡萄，需要在新酒樽内发酵、熟成，口味浓烈醇厚，能让人感受到智利的潜在实力。

- ◆色泽/红
- ◆品种/赤霞珠、山粉黛、西拉
- ◆原产地/美宝谷
- ◆生产商/泰瑞麦特
- ◆价格范围/7500~7999日元

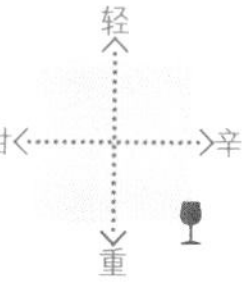

Domus Aurea
多慕斯赤霞珠红葡萄酒

具有优雅的口感
味道浓烈醇厚

该葡萄酒仅选取平均树龄在30年的葡萄，除黑醋栗、香草及巧克力的馥郁香气外，还兼备浓烈香醇和优雅。

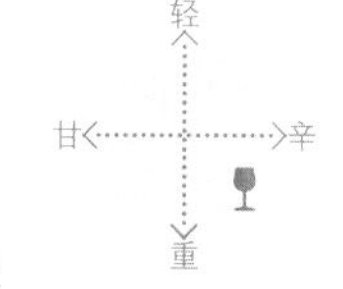

- 色泽/红
- 品种/赤霞珠
- 原产地/美宝谷
- 生产商/迈库峡谷酒庄
- 价格范围/6500~6999日元

Escudo Rojo Chardonnay
红盾雪当利白葡萄酒

罗斯柴尔德在智利打造的旗帜酒

该葡萄酒只使用足够品质和标准成熟度的葡萄。在橡木酒樽中熟成的葡萄酒，具有热带水果的风味，平衡度极高。

轻
甘
辛
重

- 色泽/白
- 品种/雪当利
- 原产地/卡萨布兰卡谷
- 生产商/宝龙菲利普罗斯柴尔德·智利美宝
- 价格范围/2500~2999日元

Haras de Pirque Haras Character Cabernet Sauvignon
种马园马蹄铁赤霞珠红葡萄酒

狂野却有品位、口感浓郁

该葡萄酒在法国橡木新酒樽和一年使用酒樽中熟成14个月。浓缩的果味与酸味和单宁均衡地融合在一起。光亮润滑且具有品位。

- 色泽/红
- 品种/赤霞珠
- 原产地/美宝谷
- 生产商/种马园
- 价格范围/3000~4000日元

Antiyal
安提雅葡萄酒

超凡酿造师亲手打造
智利代表性有机葡萄酒

庄园主人阿尔瓦罗·埃斯皮诺萨是智利有机农法的先驱。该酒味道以红莓为主体，口感柔和细腻。

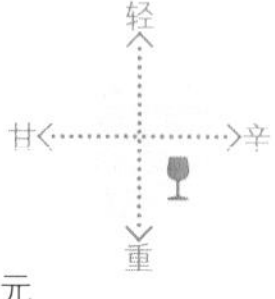

- 色泽/红
- 品种/佳美娜、赤霞珠、西拉
- 原产地/美宝谷
- 生产商/安提雅酒庄
- 价格范围/5500~5999日元

Colleccion Privada
坎泰拉酒庄珍藏系列红葡萄酒

品质上乘、震撼世界
具有威望的葡萄酒

该智利葡萄酒容易给人留下味道平常的印象，但一旦试饮此酒，便会消除成见。该山粉黛葡萄酒浓烈的酸味中带着甘甜，兼具柔和。它仅使用最优葡萄，将品质最优的赤霞珠、梅尔诺、西拉混合，严格按照每年的限定数量进行酿造。酒樽产生的摩卡咖啡和香草的香气，风土条件的复杂表现，来自熟透葡萄的口感极佳的果味，保持着绝妙的平衡。其优雅的味道，甚至会被误认为是波尔多右岸的高级葡萄酒（波尔多右岸的葡萄酒以柔和为特征），在日本的葡萄酒杂志上得到葡萄酒专家们的高度评价。

- ◆色泽/红
- ◆品种/赤霞珠、梅尔诺、西拉
- ◆原产地/空加瓜谷
- ◆生产商/坎泰拉酒庄
- ◆价格范围/1000~1499日元

◆生产者荐言　　菲利普·普拉

坎泰拉酒庄聚集着众多爱好葡萄酒的朋友。虽然每个人从事的领域不一样，但大家都饱含热情，充分发挥自己的才干。正因为得到世界各地人们的支持，如今才被众人所知。对我来讲，最重要的就是站在消费者的立场购买品尝。我们现在正在努力的方向，即是在重视手工操作及传统技艺的同时，在恰当之时引入现代技术，生产价格便宜、质量上乘的葡萄酒。

Quarta Luna Cabernet Sauvignon
新月赤霞珠红葡萄酒

充满果味、味道自然

该葡萄酒具有非常细腻的单宁，品质上乘。随着时间，优雅度不断提高。由于风格不过于张扬，适合搭配的菜肴范围十分广泛。

轻
甘 辛
重

- ◆色泽/红
- ◆品种/赤霞珠
- ◆原产地/空加瓜谷
- ◆生产商/坎泰拉酒庄
- ◆价格范围/1000~2000日元

Lapostole Clos Aparta
拉博丝特酒庄阿帕塔红葡萄酒

优雅均衡的红葡萄酒

该葡萄酒深红宝石色中带有紫色，具有莓果系果实的浓烈香气和清新浓厚的果味。单宁柔和，余味悠长。

轻
甘 辛
重

- ◆色泽/红
- ◆品种/赤霞珠、品丽珠、梅尔诺、小华帝
- ◆原产地/空加瓜谷
- ◆生产商/拉博丝特酒庄
- ◆价格范围/12000~13000日元

Quarta Luna Cabernet Sauvignon Shiraz
新月赤霞珠西拉红葡萄酒

味道浓烈、口感极其润滑

该红葡萄酒由实践传统葡萄酒酿造的酒庄酿造而成，其中赤霞珠70%、西拉30%，味道甘甜，洋溢着美味。

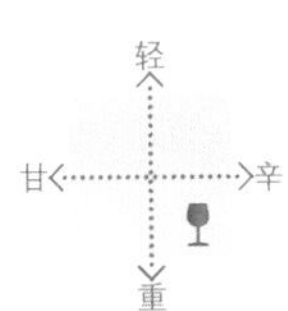

- ◆色泽/红
- ◆品种/赤霞珠、西拉
- ◆原产地/空加瓜谷
- ◆生产商/坎泰拉酒庄
- ◆价格范围/1000~2000日元

Le Dix de Los Vascos
巴斯克十世红葡萄酒

与罗斯柴尔德家族共同合作的杰作

该酒庄严格挑选平均树龄在70~75年的赤霞珠，完全采用手工采摘的收获方式，酿造而成的此酒具有熟透莓果的香味以及浓烈柔和的单宁。

轻
甘 辛
重

- ◆色泽/红
- ◆品种/赤霞珠
- ◆原产地/空加瓜谷
- ◆生产商/巴斯克酒庄
- ◆价格范围/5000~6000日元

Montes Alpha M
蒙特斯欧法M干红葡萄酒

智利优质葡萄酒的先驱

该葡萄酒仅使用精选后的葡萄，采取近代设备和最新技术酿造而成，不断追求最高品质，葡萄的浓缩度令人惊叹。无论是葡萄还是葡萄酒的品质，各方面均超级一流。

轻
甘 辛
重

- ◆色泽/红
- ◆品种/赤霞珠、梅尔诺、品丽珠、小华帝
- ◆原产地/空加瓜谷
- ◆生产商/蒙特斯酒庄
- ◆价格范围/9000~9499日元

Montgras Ninquén Cabernet Sauvignon
云顶至尊赤霞珠红葡萄酒

韵味十足、酒体浓厚

该红葡萄酒为漂亮的深红宝石色泽，具有美国樱桃及莓果的香气和上乘柔和的酒樽香味。味道复杂浓烈，单宁品质优良，余味悠长。

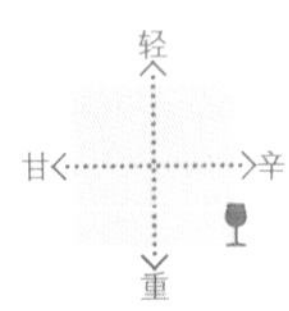

- ◆色泽/红
- ◆品种/赤霞珠
- ◆原产地/空加瓜谷
- ◆生产商/云顶山庄园
- ◆价格范围/4500~4999日元

Anakena Pinot Noir Single Vineyard

安丽卡庄园黑皮诺红葡萄酒

通过葡萄酒
感受智利富饶的土地和文化

该庄园为了追求最高品质，巡访全世界的葡萄酒产地，吸收葡萄酒文化和技术，以酿造正宗智利葡萄酒为目标。虽然该酿造厂在1998年才栽培了第一片葡萄田，还比较“年轻”，但是已经获得了全世界的高度评价。该黑皮诺使用单一葡萄，味道细腻，樱桃和草莓、土壤的香气，充溢于整个口腔。其平衡度高，也能感受到柔和的单宁。无做作之感，适合与意大利调味饭、面食类搭配。

◆色泽/红
◆品种/黑皮诺
◆原产地/兰佩山谷
◆生产商/安丽卡庄园
◆价格范围/1500~1999日元

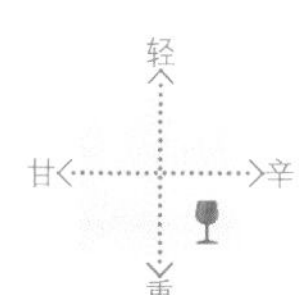

专栏 葡萄酒的味道

为了表现葡萄酒的味道，人们会使用“甘甜”“苦涩”“味道醇厚”“具有酸味”等各种形容的语句。而且，不单纯是浓烈、酸，多种因素还会交织在一起，以此来表现该葡萄酒的特征。

决定葡萄酒味道的因素有硬、甜、酸、苦、浓，因此，会出现“清淡并不很甜的白葡萄酒”“沉重浓烈的红葡萄酒”等评语。

●甜

葡萄酒中的“甜”，并非是点心般的甘甜，而是指果味，与水果的甘甜是一样的。因为富含糖分，味道当然会甜，不过即使不含糖分，如果使用熟透葡萄，偶尔也会感到甜的。与“甜”相对的并不是“辣”，而是“不甜”。

●酸

即“酸味”。一般情况下，白葡萄酒比红葡萄酒更酸，这是因为白葡萄品种中的柑橘系和香草的香气很突出，易让人感到酸味。使用未成熟葡萄酿造时酸味强，口感轻松。此外，葡萄生长的环境越凉爽，所酿造的葡萄酒的酸性越强。

●苦

在饮用浓红茶时，是否会有苦涩之感？该苦涩的成分称为单宁，它也会存在于葡萄酒中。因为它主要源于葡萄皮和种子，所以在早期就除去了皮和种子的白葡萄酒中，几乎没有单宁。未成熟葡萄酒的单宁活性强，会让人感到苦味，而熟成的葡萄酿成的酒则非常柔和。

●浓

饮用葡萄酒时感到的香醇或浓烈的整体味道，通过酒体来表现。沉重有重量感的类型被称为“重酒体”，轻松润滑的则被称为“轻酒体”，居中的称为“中等酒体”。

Altum Chardonnay

泰瑞麦特庄园极品雪当利

热带水果和香草般浓郁风味

该酿造厂的名字意为“母亲大地”，所酿造的葡萄酒的最大特征是“天然”，以意大利和美国为首，获得世界各国的高度评价。“Altum”是该厂拥有的葡萄酒系列之一，意为“高贵的”。如名所示，该酒给人留下高贵的印象。它使用卡萨布兰卡谷单一田内栽培的葡萄，在酒樽内进行发酵。然后要在新酒樽内进行8个月的熟成。不过滤就装瓶，所以充满香味，风格如同高级勃艮第一般。

- ◆色泽/白
- ◆品种/雪当利
- ◆原产地/卡萨布兰卡谷
- ◆生产商/泰瑞麦特
- ◆价格范围/1500~1999日元

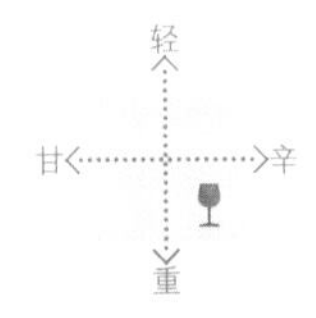

Morande Reserva Chardonnay

木兰笛珍藏雪当利白葡萄酒

味道醇厚浓烈
果实的浓缩感恰到好处

南美的太阳光和气候、得天独厚的土壤，拥有这一切的智利为栽培优质葡萄提供了最合适的环境。其中，帕布鲁·木兰笛作为智利葡萄酒的先驱被人们熟知。他于1996年创办了木兰笛公司，创办以来，一直以打造最高品质的革新葡萄酒为目标，为智利葡萄酒品牌的确立而不断努力。此功绩甚至得到了欧美葡萄酒杂志的认可。该葡萄酒具有热带水果、香草、炒栗子等丰富的香气，醇厚浓烈的味道和果实的浓缩感也十分均衡。

- ◆色泽/白
- ◆品种/雪当利
- ◆原产地/卡萨布兰卡谷
- ◆生产商/木兰笛
- ◆价格范围/1500~1999日元

Punto Alto Pinot Noir
龙雪奔图黑比诺红葡萄酒

透澈的酸味被温柔地包裹着
给人带来柔和稳重的印象

劳伦奇庄园于2000年开始生产葡萄酒。当初它是一家合资公司，从2004年开始拥有100%自家所有葡萄田，从事更加正宗的葡萄酒酿造工作。该黑皮诺具有红色果实的风味，入口时柔和顺滑。同时，酸味纯粹，口感温和。

- ◆色泽/红
- ◆品种/黑皮诺
- ◆原产地/卡萨布兰卡谷
- ◆生产商/劳伦奇庄园
- ◆价格范围/3000~4000日元

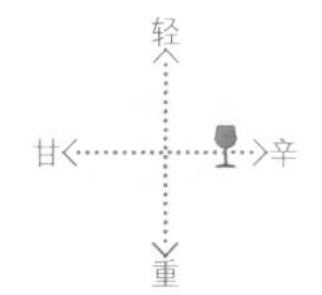

Amelia Chardonnay
阿米丽亚雪当利白葡萄酒

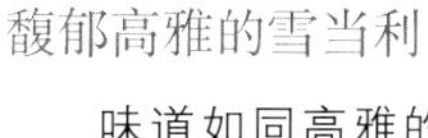
馥郁高雅的雪当利

味道如同高雅的女士一般，优雅大方。具有新鲜的香气、馥郁的矿物质以及葡萄本身所形成的柔和酒体。

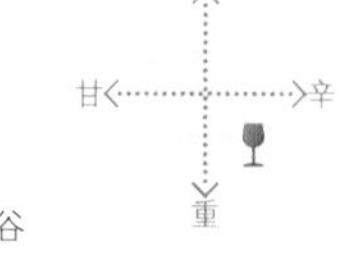

- ◆色泽/白

- ◆品种/雪当利
- ◆原产地/卡萨布兰卡谷
- ◆生产商/干露酒厂
- ◆价格范围/5000~5499日元

Lot5 Wild Yeast Chardonnay
Lot5 野生酵母雪当利白葡萄酒

由小型产地打造
备受瞩目的白葡萄酒

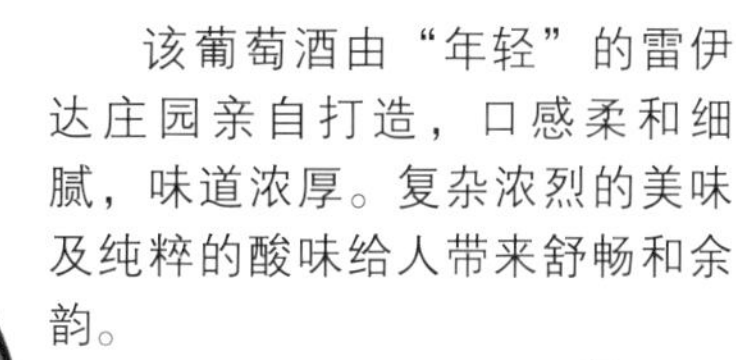
该葡萄酒由“年轻”的雷伊达庄园亲自打造，口感柔和细腻，味道浓厚。复杂浓烈的美味及纯粹的酸味给人带来舒畅和余韵。

- ◆色泽/白
- ◆品种/雪当利
- ◆原产地/雷伊达谷
- ◆生产商/雷伊达庄园
- ◆价格范围/3500~3999日元

Don Maximiano Founder's Reserve

马克西米诺庄园主珍藏红葡萄酒

使用世界最高峰的赤霞珠

该极品葡萄酒由创办于1870年，具有140年历史的名门酿造厂酿造。该酿造厂使用堪称“赤霞珠圣地”的阿空加瓜谷的自家出葡萄，酿造而成的葡萄酒十分优雅。果味与酸味均衡，味道浓缩，能让人感到强烈和紧绷的质感。

- ◆色泽/红
- ◆品种/赤霞珠、品丽珠、西拉、佳美娜
- ◆原产地/阿空加瓜谷
- ◆生产商/伊拉苏酒庄
- ◆价格范围/8500~8999日元

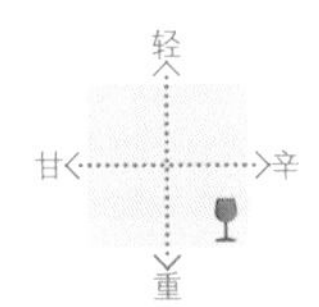

Altum Cabernet Sauvignon

泰瑞麦特庄园极品赤霞珠

“母亲大地”打造
浓烈上乘的赤霞珠

该葡萄酒需要将最优质葡萄在法国橡木中熟成12个月，属于强劲有力的浓烈类型。尽管是100%的赤霞珠，但仍能让人感受到柔和的单宁。赤霞珠是该庄园最得意的品种，味道极其馥郁，韵味十足。

- ◆色泽/红
- ◆品种/赤霞珠
- ◆原产地/库里克斯谷
- ◆生产商/泰瑞麦特庄园
- ◆价格范围/1500~1999日元

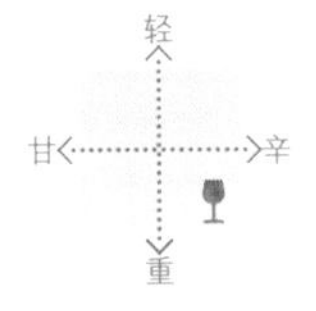

专栏 侍酒师认定考试

如果你对葡萄酒感兴趣的话，也可以考虑一下参加侍酒师认定考试。所谓侍酒师就是“餐厅里负责葡萄酒及酒水饮料的侍者”，而对想成为侍酒师的人们，并没有什么特别的资格要求。在日本，虽然人们皆知“日本侍酒师协会认定考试”，但在侍酒师中，也有人是在海外学习后归国的，并没有参加日本的认定考试。

认定考试虽然不是资格制度，但也是一种标准。在这里，我介绍一下日本侍酒师协会的认定考试。

关于认定考试的参加资格，各类型是不一样的。

- 侍酒师：餐饮服务经验5年以上者
- 葡萄酒助理：酒类行业、烹饪葡萄酒相关的专业学校作为讲师3年以上者
- 葡萄酒专家：20岁以上，对葡萄酒品质的鉴定有精准的鉴赏力者

此外，亦有高级侍酒师、高级葡萄酒助理的认定考试，以经验丰富的侍酒师和葡萄酒助理为主。

Miguel Torres Chile Manso de Velasco Cabernet Sauvignon
米高桃乐丝酒园韦拉斯科赤霞珠

让人有“悠然品尝”的欲望
智利的权威葡萄酒

名门世家桃乐丝位于西班牙巴塞罗那近郊，个人所有的酿造厂的葡萄酒生产量位居世界第一。桃乐丝家族于1979年在智利创立了米高桃乐丝酒园。它将智利优质的葡萄和桃乐丝的最新技术相融合，打造出来的葡萄酒得到了世界知名餐厅的高度评价。该葡萄酒使用该公司最古老葡萄田中平均树龄在100年的葡萄，是属于限量生产的葡萄酒。性价比高，让人产生“坐下来悠然品尝”的欲望。

- ◆色泽/红
- ◆品种/赤霞珠
- ◆原产地/库里科斯谷
- ◆生产商/米高桃乐丝酒园
- ◆价格范围/5000~6000日元

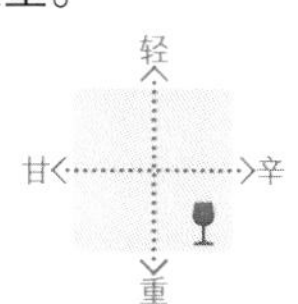

Valdivieso Extra Brut
威帝伟士特选起泡葡萄酒

智利起泡葡萄酒的代名词

在南美，最先生产起泡葡萄酒的就是威帝伟士酒厂，一直在酿造优质的起泡葡萄酒。直到现在，其品质和值得信赖的地位也从未被动摇过。细腻的气泡十分优雅。

- ◆色泽/起泡葡萄酒
- ◆品种/雪当利、黑皮诺
- ◆原产地/库里科斯谷
- ◆生产商/威帝伟士
- ◆价格范围/1500~1999日元

轻
甘
辛
重

Castillo de Molina Cabernet Sauvignon
莫琳娜珍藏赤霞珠红葡萄酒

葡萄的美味浓缩一体

莫琳娜被称为完美的葡萄田。该葡萄酒使用的是从莫琳娜最优质田中采摘的葡萄。果实在阳光的沐浴下，精华完全浓缩其中。

- ◆色泽/红
- ◆品种/赤霞珠
- ◆原产地/库里科斯谷
- ◆生产商/圣派德罗
- ◆价格范围/1500~1999日元

轻
甘
辛
重

Gillmore Hacedor de Mundos Cabernet Sauvignon
吉尔莫蒙督酿造赤霞珠红葡萄酒

使用具有很强酸味和浓缩感的红葡萄

将赤霞珠嫁接到树龄60年以上的本地品种派斯后，采用完全无灌溉农法。通过传统方法精心生产的少量葡萄酒，兼备优雅和精巧。

- ◆色泽/红
- ◆品种/赤霞珠
- ◆原产地/莫莱谷
- ◆生产商/吉尔莫酒厂
- ◆价格范围/5000~5499日元

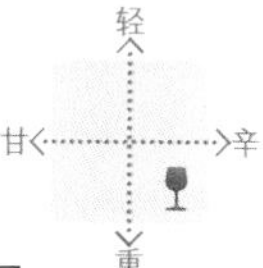

阿根廷

近年来品质不断提高
仅次于智利
南美值得期待的产地

阿根廷的葡萄酒产量位居世界第5位、葡萄酒消费量位居世界第3位，是一个名副其实的葡萄酒大国。

寒冷且稳定的气候、安第斯山脉的清澈流水，这一切都为阿根廷的葡萄栽培提供了最合适的环境。尽管它是一个葡萄酒生产大国，但以前几乎只是销售给国内及南美地区，或者作为原料葡萄酒出口。虽然给人留下了“比起质量更重视数量”的印象，但当智利葡萄酒在世界崭露头角之后，阿根廷也在不断地提高葡萄酒的品质，积极地酿造优雅的葡萄酒。如今，阿根廷葡萄酒已经达到了世界级水平，尤其是距智利边境很近的门多萨地区，正在如

火如荼地酿造专供出口的优良葡萄酒。阿根廷葡萄酒的最大魅力在于，在这里你可以用较低的价钱买到高品质的葡萄酒。

说到阿根廷主要品种，红葡萄是马尔白克，白葡萄则是当地品种特浓情、佩德罗·希梅内斯等。有趣的是，马尔白克因属于野性味道的熟成类型，在其他国家，一般不被用于高级葡萄酒中。而由于阿根廷的积极使用，马尔白克再次被世界高度评价。据说，马尔白克是由西班牙移民带到阿根廷的，具有与添普兰尼洛相近的酸味和丰富的果味。而由特浓情及佩德罗·希梅内斯酿造的白葡萄酒则具有洒脱的清凉感。

葡萄酒的酿造在安第斯山脉的山麓高地进行，而被安第斯山相隔、位于智利中央部另一侧的门多萨省是其主要产地。

阿根廷的主要葡萄酒产地

〈门多萨〉

该葡萄酒产地距首都布宜诺斯艾利斯100千米，位于安第斯山脉的山麓处，生产量大约占阿根廷的七成。其海拔850~1000米，雨水少，属于太平洋气候。以马尔白克为中心，还栽培赤霞珠、白诗南等多个品种。

〈其他地域〉

阿根廷第二大产地——圣胡安省，约占阿根廷葡萄酒生产总量的两成，是与门多萨相邻的名酿地。该地曾经以本地消费专用葡萄酒为中心，大量生产葡萄酒，而随着设备的现代化和栽培技术的提高，葡萄酒的品质正在不断地提高。

在阿根廷西北部，海拔1000~2000米的灌溉溪谷是主要的葡萄栽培地区。该地大量栽培阿根廷的白葡萄品种、特浓情的亚种——里奥哈诺，因白葡萄酒的馥郁香气备受关注。拉里奥哈也是西北部的代表性葡萄酒产地，酿造而成的葡萄酒充满馥郁感和浓缩感。

Tomero Pinot Noir Reserva

托梅罗珍藏版黑皮诺红葡萄酒

勃艮第风格的高品质黑皮诺

托梅罗是一位古老的管理者，自1833年开始控制穿过门多萨葡萄园的灌溉渠道，始终秉着“少量生产”的原则。其葡萄田位于门多萨北部的乌格河谷。在距安第斯很近的海拔950米的葡萄田，以马尔白克为首，栽培着多个品种，有的古树树龄甚至超过了50年。如今，葡萄田的主人卡洛斯・普蓝塔是第二代传人，他的父亲安东尼奥先生于门多萨和圣胡安最初开始进行葡萄树的种植是该酿造厂的起源。他们原本就拥有该地区的水分供给所，用于灌溉附近酿造厂及农家的葡萄田。如今，他们的供给所仍被使用，是该地区不可缺少的一部分。

该黑皮诺在法国橡木进行12个月、瓶内进行8个月的熟成后再上市，既新鲜又具有果香。由于所用的葡萄在寒冷的气候下生长，所以酸味十足。

- ◆色泽/红
- ◆品种/黑皮诺
- ◆原产地/门多萨
- ◆生产商/托梅罗
- ◆价格范围/参考商品

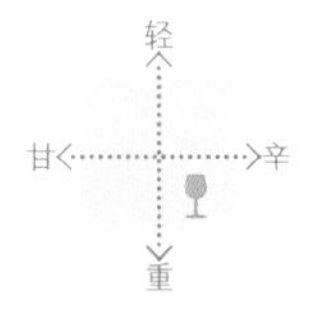

◇生产者荐言 卡洛斯・普蓝塔

很早以前，我便在门多萨进行马尔白克的栽培。后来我发现，门多萨风土条件多样化，能够栽培多个葡萄品种。如今，我们也在栽培黑皮诺及长相思等品种，得到了国际性高度评价。我相信阿根廷的葡萄酒今后一定会成为新世界葡萄酒的中坚力量。

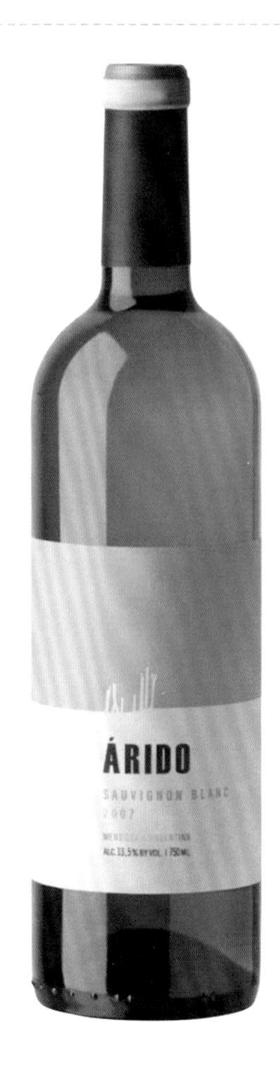

Arido Sauvignon Blanc
亚瑞多长相思白葡萄酒

海拔1000米以上生长的长相思
具有浓烈的酸味

葡萄田的名字“Arido”具有“干燥”之意。正如其名，该葡萄田所处之地几乎无降雨，海拔甚至超过了1000米。该地昼夜温差相差15℃以上，所以能够栽培浓缩的葡萄。在这样的环境下生长的长相思，最大的特征是酸味浓烈。它具有嫩草般的清新香气，给人带来清凉的印象，口感亦十分清爽。

◆色泽/白
◆品种/长相思
◆原产地/门多萨
◆生产商/亚瑞多
◆价格范围/参考商品

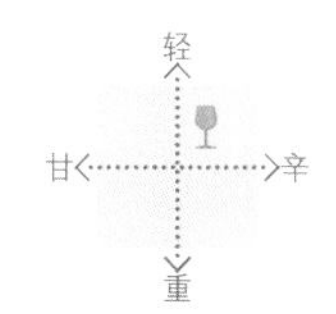

Trapiche Chardonnay
翠帝酒庄雪当利白葡萄酒

以120年以上的历史为豪
由名门酿造商打造

翠帝酒庄于1883年由对美国大陆的葡萄栽培作过重大贡献的菲纳纪司先生创建。翠帝酒庄吸收欧洲的最新技术，确立了适合阿根廷风土和气候的独特葡萄酒的酿造。它不单证明了自家公司的实力，也证明了阿根廷是世界首屈一指的葡萄酒生产国。该白葡萄酒是正宗的雪当利品种，果味充实洒脱，口味辛辣。其口感极佳，与很多菜肴都很好搭配。

◆色泽/白
◆品种/雪当利
◆原产地/门多萨
◆生产商/翠帝酒庄
◆价格范围/1000~1499日元

Nicolas Catena Zapata

卡帝那沙巴达尼古拉斯（旗舰酒）

成熟的单宁、悠长的余味
极其奢侈

1902年，尼古拉斯·卡帝那从意大利移居阿根廷，开始在门多萨地区种植葡萄田，这便是该酿造厂的起源。如今，酿造的高品质葡萄酒得到了世界的公认。该红葡萄酒将赤霞珠和马尔白克相混合，使用的葡萄全部来自位于高海拔的自家田、并且从4片葡萄田中进行严格筛选。香气特别美妙，黑樱桃和山莓、矿物质、浓咖啡等香味均衡地融合一体，具有浓缩感。

- ◆色泽/红
- ◆品种/赤霞珠、马尔白克
- ◆原产地/门多萨
- ◆生产商/卡帝那
- ◆价格范围/9500~9999日元

Norton Cosecha Especial

诺顿庄园喜宴特干葡萄汽酒

闪闪发光的气泡
宛如水晶一般

该起泡葡萄酒味道细腻高雅、强劲有力，具有成熟的果味，而馥郁的酸味使整体浓缩起来，十分清新。葡萄是100%的雪当利，给人带来无果味水果和黄油般香醇的香气。

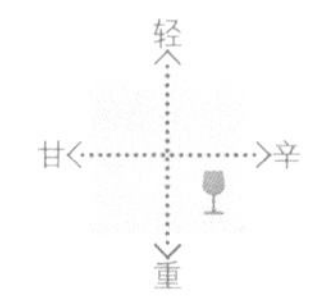

- ◆色泽/起泡葡萄酒
- ◆品种/雪当利
- ◆原产地/门多萨
- ◆生产商/诺顿庄园
- ◆价格范围/2000~2499日元

Bodega Norton Malbec Barrel Select

诺顿庄园精选版马尔白克

适合长期储藏
骨架结实

门多萨省路冉得库约的马尔白克品种，如野生肉般浓厚而细腻。该葡萄酒强烈地表现出了葡萄的个性。

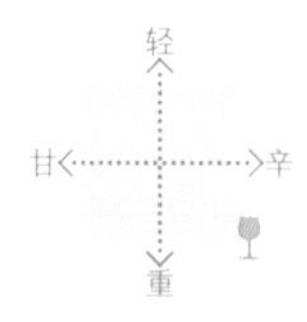

- ◆色泽/红
- ◆品种/马尔白克
- ◆原产地/门多萨
- ◆生产商/诺顿庄园
- ◆价格范围/1500~1999日元

Catena Alamos Extra Brut
卡帝那艾拉莫干型起泡葡萄酒

无杂味、透澈的起泡酒

在此款起泡葡萄酒中，雪当利将带来具有浓缩感的香气和余韵，黑皮诺将带来均衡的酸味、骨架和复杂味道，这一切均完美地融合在一起。

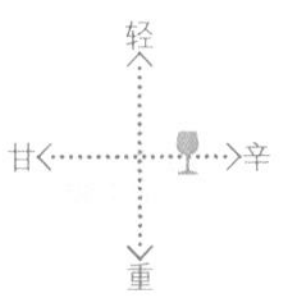

- ◆色泽/起泡葡萄酒
- ◆品种/雪当利、黑皮诺
- ◆原产地/门多萨
- ◆生产商/卡帝那
- ◆价格范围/2000~3000日元

Altos Las Hormigas Malbec
奥米格斯马尔白克干红葡萄酒

由意大利葡萄酒界的明星酿造师打造

该葡萄酒具有细腻柔和的质感，以及紫罗兰、香料、蓝莓等香气。韵味十足，熟透的果味非常馥郁，余韵亦不会让人觉得浓烈。

轻
甘 辛
重

- ◆色泽/红
- ◆品种/马尔白克
- ◆原产地/门多萨
- ◆生产商/艾尔斯酒庄
- ◆价格范围/1500~1999日元

Arido Malbec
亚瑞多马尔白克红葡萄酒

既甘甜又辛辣的红葡萄酒

该葡萄酒具有马尔白克特有的甘甜风味和细腻的香料味道。所使用的葡萄全部是手工精心采摘的。

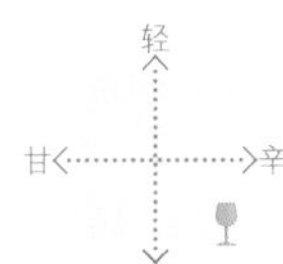

- ◆色泽/红
- ◆品种/马尔白克
- ◆原产地/门多萨
- ◆生产商/亚瑞多
- ◆价格范围/参考商品

Cheval des Andes
安第斯山白马酒庄红葡萄酒

安第斯与波尔多的华丽融合

台阶酒庄与波尔多顶级庄园——白马庄园的联合研究成果。该葡萄酒果味丰富，羽绒般的柔和单宁提升了整体的品位。

- ◆色泽/红
- ◆品种/赤霞珠、马尔白克
- ◆原产地/门多萨
- ◆生产商/白马庄园、安第斯台阶酒庄
- ◆价格范围/10000日元以上

Masi Tupungato Corbec

马西庄园图蓬加托科维白克

手写文字般的标签可爱而独特

马西是意大利·威尼托区的代表性葡萄酒生产专家。他不断地探寻适合威尼托区固有葡萄品种生长的环境，费劲周折后终于找到了阿根廷的门多萨。以“阿根廷的灵魂、威尼斯城的风格”为宗旨酿造而成的该葡萄酒，味道既复杂又均衡。阿根廷强劲富饶的大地与威尼托的优雅、受欢迎风格完美地结合在一起。科维纳品种的细腻口感，马尔白克特有的活跃单宁，使它既独特又充满魅力。

- ◆色泽/红
- ◆品种/科维纳、马尔白克
- ◆原产地/门多萨
- ◆生产商/马西庄园
- ◆价格范围/5000~5499日元

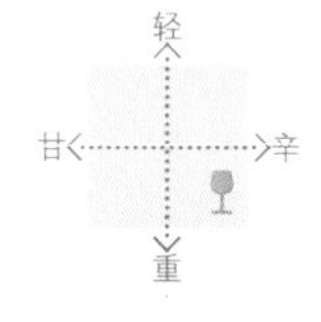

Felino Cabernet Sauvignon

费利诺赤霞珠红葡萄酒

天才酿造师在阿根廷亲手打造具有浓缩感的红葡萄酒

保尔·霍布斯曾在加利福尼亚州纳帕谷的罗伯特·蒙大维和一号乐章等著名酿造厂当过酿造师，他被阿根廷门多萨的魅力所吸引后，开始努力打造阿根廷的代表性优质葡萄酒。所栽培的赤霞珠表现出了位于高海拔的阿根廷土壤的个性，堪称荣耀之作。该红葡萄酒的口感、果味、涩味、酸味均十分浓烈，馥郁宜人。

- ◆色泽/红
- ◆品种/赤霞珠
- ◆原产地/门多萨
- ◆生产商/科沃斯庄园
- ◆价格范围/3500~3999日元

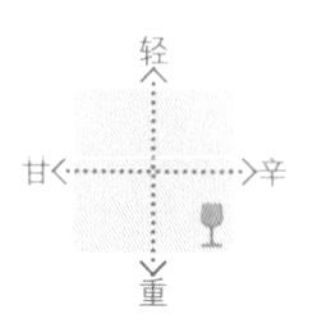

Salentein Chardonnay
萨伦汀酒庄雪当利白葡萄酒

果味和来自酒樽的香气并存 绝妙至极

该白葡萄酒需要在法国橡木中熟成10个月，味道润滑细腻。洋梨、红苹果，再加上蜂蜜、香草的香味，非常馥郁。

轻 甘 辛 重

- ◆色泽/白
- ◆品种/雪当利
- ◆原产地/门多萨
- ◆生产商/萨伦汀酒庄
- ◆价格范围/3000~3499日元

Tomero Malbec Gran Reserva
托梅罗珍藏马尔白克干红葡萄酒

余韵十足、甘甜的风味

仅使用单一葡萄田的葡萄，经过在新酒樽的法国橡木中熟成27个月后，浓烈的单宁和香草的口感，非常复杂。

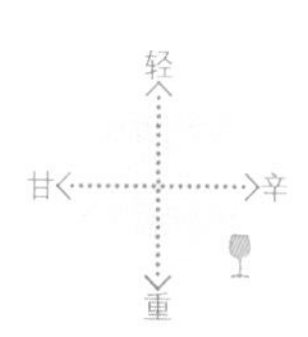

- ◆色泽/红
- ◆品种/马尔白克
- ◆原产地/门多萨
- ◆生产商/托梅罗
- ◆价格范围/参考商品

Tomero Sémillon
托梅罗赛美蓉的葡萄酒

多汁、具有爽快感的白葡萄酒

该白葡萄酒需要将赛美蓉熟成12个月，属于阿根廷珍贵品种。果味清爽，再加上酒樽散发的舒畅气息，十分适宜饮用。

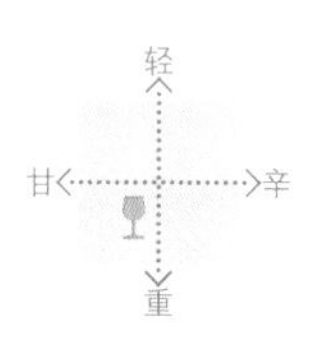

- ◆色泽/白
- ◆品种/赛美蓉
- ◆原产地/门多萨
- ◆生产商/托梅罗
- ◆价格范围/参考商品

Viñalba Chardonnay Reserva
维纳尔芭珍藏雪当利白葡萄酒

由葡萄酒酿造新星打造 高品质的白葡萄酒

该葡萄酒需要在法国橡木中进行长期熟成，具有熏制般香气和香草味，酸气清新，大大提高了葡萄酒的格调。

轻 甘 辛 重

- ◆色泽/白
- ◆品种/雪当利
- ◆原产地/门多萨
- ◆生产商/维纳尔芭
- ◆价格范围/参考商品

Viñalba Malbec Reserva
维纳尔芭珍藏马尔白克红葡萄酒

适合搭配各种菜品的红葡萄酒

该葡萄酒使用海拔1400米生长的马尔白克，优雅、余味悠长。质感极佳的单宁和均衡的果味，适合与菜肴搭配饮用。欧洲知名饭店“威严”及餐厅也会订购该酒。

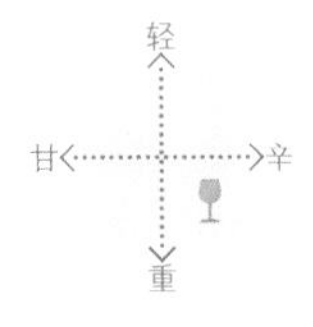

◆色泽/红
◆品种/马尔白克
◆原产地/门多萨
◆生产商/维纳尔芭
◆价格范围/参考商品

Chacra 32 Treinta Y Dos Pinot Noir
莎克拉三十二人城黑皮诺

直接传递着葡萄的美妙

该葡萄酒使用1932年手工精心栽培的古老葡萄，酒中无杂味、果味清新，单宁亦令人舒畅。产量大约7400瓶，十分稀少。

◆色泽/红
◆品种/黑皮诺
◆原产地/里奥内格罗
◆生产商/莎克拉酒庄
◆价格范围/9500~9999日元

专栏　葡萄酒的熟成

通常情况下，葡萄酒进行窖藏熟成后，味道会变得更加浓烈。不过并不是说长期熟成后，味道一定会变美妙。一般来说，白葡萄酒可以熟成的年数为10年以内，赤霞珠及西拉等红葡萄酿造而成的浓郁葡萄酒为数年至数十年，梅尔诺为2~15年，黑皮诺及山粉黛为2~8年。此外，有的贵腐葡萄酒及冰葡萄酒等甘甜类型可熟成数百年。

窖藏时间不仅因葡萄品种不同，还因葡萄酒类型而不同。即使是同样的红葡萄酒或白葡萄酒，最适合饮用的时间，早期饮用为2~5年，熟成类型为10~15年。

在熟成过程中，葡萄酒的颜色亦会发生变化。白葡萄酒未成熟时黄中带绿，之后随着熟成不断进行，黄色——金黄色——黄褐色，依次变深。早期饮用类型，在其黄色的时候是饮用的最佳时期。熟成的白葡萄酒，在其由黄色变为金黄色的时候，最为美味。

红葡萄酒都会在熟成的过程中，色泽逐渐变淡。最初是深红紫色的，会逐渐变为红宝石色——橙红色——红褐色。同时，单宁和花青素也会发生聚合作用，产生沉淀物。一般情况下，沉淀物的产生表示要发生褪色。红色的早期饮用类型，在其红宝石色时是最佳饮用时期；长期熟成类型则是在褐色出现前，即橙红色时，最适合饮用。

Clos de los Siete

鹰格堡庄七星红葡萄酒

使用7片葡萄田中严格筛选后的葡萄
味道充满魅力的红葡萄酒

所谓Clos de los Siete，意为“7个人的Clos（葡萄田）”。活跃于全世界各酿造厂的酿造顾问米歇尔·罗兰招募了6名志同道合的同仁，每人均有有120~130公顷的葡萄田，而米歇尔·罗兰亲自将葡萄酿造成葡萄酒。他们严格控制收获量，利用非过滤方式进行酿造，可以说栽培及酿造都非常专业。马尔白克、赤霞珠、梅尔诺、西拉混制而成的这款红葡萄酒，味道均衡、柔和，果味十分浓厚。

- ◆色泽/红
- ◆品种/马尔白克、梅尔诺、赤霞珠
- ◆原产地/门多萨
- ◆生产商/鹰格堡庄
- ◆价格范围/2500~2999日元

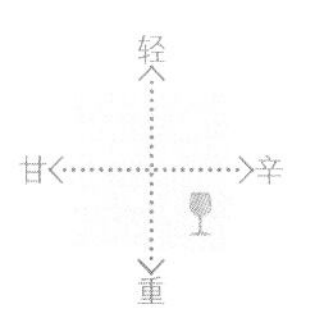

Vistalba Corte A

维斯塔巴酒庄科尔特系列A等级红葡萄酒

压倒性的浓度和密度永驻心田

该葡萄酒由门多萨的名酿田“路冉得库约”中的葡萄酿造而成，生产量极低。需要在新酒樽内进行18个月、瓶内进行12个月的熟成。经过充沛阳光沐浴后的成熟葡萄，吸取了土壤精华，浓缩感如同摩卡咖啡一般。果实的美味亦占绝对优势。科尔特系列有A、B、C三种等级，最高级别是A。罗伯特·帕克也为此酒打了91分的高分。

- ◆色泽/红
- ◆品种/马尔白克、赤霞珠
- ◆原产地/门多萨
- ◆生产商/维斯塔巴酒庄
- ◆价格范围/参考商品

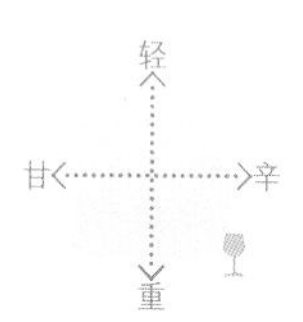

南非

葡萄酒酿造历史已达300年
发展惊人的非洲之星

南非共和国位于非洲大陆的最南端。该国的葡萄酒酿造历史悠久。最初开始于17世纪荷兰人迁移至开普敦之时。由于历史原因，南非受到种族隔离制度的长期经济制裁，葡萄酒出口一度被中止。随着民主化政策的不断发展，许多资本家开始向该国投资，1997年葡萄酒行业被公司化，该国的葡萄酒也伴随着历史的发展而发展起来了。其中，蒸馏酒及酒精强化葡萄酒等占国内生产量的50%，以前落后的酿造技术，由于欧洲知名酿造师的指导及技术提供，在20世纪90年代实现了飞跃。除了大规模酿造厂外，小型酿造厂的数量也在不断增加。

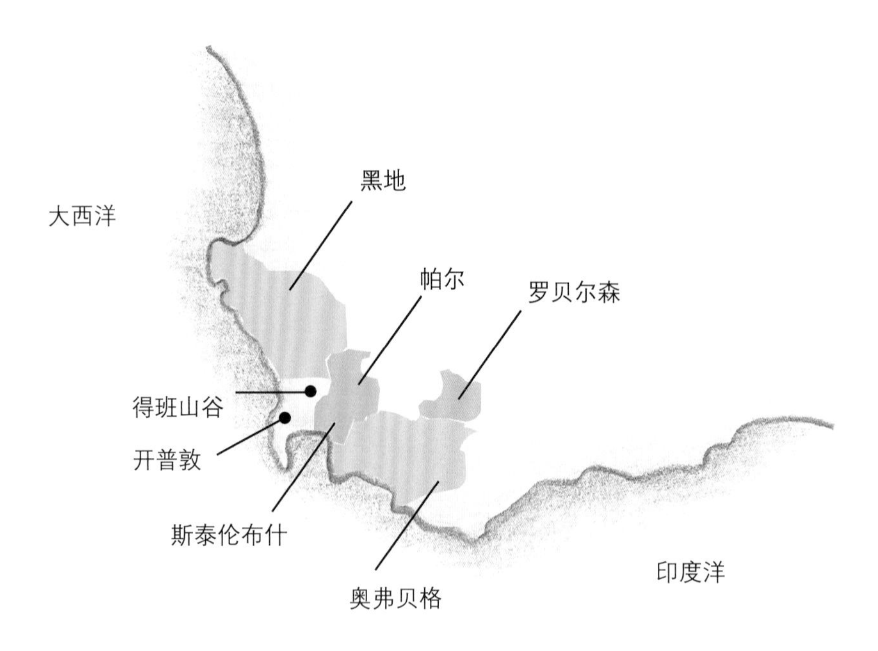

如今，南非的独立酿造厂已有82家，几乎所有生产商的旗下都有70家合作社，一起进行葡萄酒的酿造。从葡萄栽培来看，白诗南（当地亦称为“史汀”）占20%，而近年来，赤霞珠、雪当利等国际品种的栽培亦在不断增加。

1925年，由斯泰伦布什大学研制的黑皮诺与神索的杂交品种——“品乐塔吉”，如法国的“薄酒来特级村庄”一般风味轻松复杂，很受人们欢迎。在气候水土等条件的影响下，葡萄栽培地集中于环绕好望角的开普敦，而主要产地位于国土西南端开普敦的邻近沿岸部分。同时，在内陆地区也会生产酒精强化葡萄酒和餐后葡萄酒。

南非的主要葡萄酒产地

〈斯泰伦布什地区〉

南非顶级葡萄酒产地，被高山环绕，日照量充足。白天狂风大作，使葡萄田骤冷，大大地提高了葡萄的格调。最得意的品种是雪当利、梅尔诺、品乐塔吉、西拉等红葡萄品种。此外，斯泰伦布什也是葡萄酒学习者的聚集地。斯泰伦布什大学的酿造学、栽培学得到全世界的高度评价，至今担负着南非葡萄酒的未来，许多海外进修生也慕名前来。

〈帕尔地区〉

17世纪，荷兰移民在帕尔地区开始栽培葡萄，此地成为了南非最悠久的葡萄产地。南非荷兰语中的“Peart”意为“珍珠”，在这里表示葡萄栽培的圣地。受地中海气候的影响，该地以赤霞珠、西拉、梅尔诺等品种为豪，近年来也出现了栽培长相思等品种的趋势。大型葡萄酒行会“KWV”亦在帕尔地区，西班牙产白葡萄酒类型的酒精强化葡萄酒及蒸馏酒等被大量酿造。

〈罗贝尔森地区〉

该地区炎热干燥，因白葡萄酒而著名。土壤富含砂质和石灰质的矿物，赋予了白葡萄复杂的风味。虽然雪当利、长相思、白诗南等较多，但近年来，也出现了种植赤霞珠和雪当利等红葡萄品种的趋势。

〈奥弗贝格地区〉

奥弗贝格地区气候特殊与其他葡萄酒产地不同，属于独立产地。该产地一直延伸至大西洋和印度洋相交的沿岸地带。葡萄田分布在陡峭的群山之中，具有砂质的土壤。葡萄的成熟期极长，所酿造的葡萄酒比其他产地的风味更加馥郁。

该地区分为“沃克湾”和“埃尔金”两部分：沃克湾为地中海气候，酿造而成的雪当利等葡萄酒非常优雅；而埃尔金因海拔较高，多生产带有酸味的长相思等。

Clos Malverne Sauvignon Blanc

卡洛斯马文长相思白葡萄酒

纯粹浓烈的白葡萄酒
在国内外均获得高度评价

该酿造厂位于斯泰伦布什地区，是南非最知名的葡萄酒产地。虽然历史不算悠久，但在运用现代手法的同时，针对红葡萄酒专用葡萄，还会使用木制榨取机等等。另外，在酿造纯粹浓烈的葡萄酒的过程中，亦会采取自古延用的方法。当前的酿造负责人在斯泰伦布什大学学习酿造后，又在全世界进行了葡萄酒酿造的学习，是位名副其实的国际派。因此，葡萄酒味道在充分表现葡萄特征的同时，还非常洒脱，不管何方的来客饮用后都会觉得美味。

该长相思是南非航空头等舱的供应葡萄酒，在国际大赛中曾荣获金奖，得到国内外的高度评价。用一句话将其味道概之——浓缩的果味与酸味保持着完美的平衡。通过低温发酵和浸皮后，香味变得十分强烈。既可以单独饮用，亦可进餐时饮用。

- ◆色泽/白
- ◆品种/长相思
- ◆原产地/斯泰伦布什
- ◆生产商/卡洛斯马文酒庄
- ◆价格范围/1500~1999日元

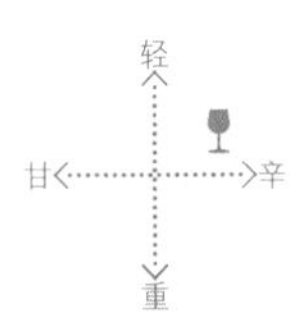

◆生产者荐言　　西摩·普理查德

我曾经是个葡萄农家，向斯泰伦布什的知名酿造厂批发葡萄。在静静地一年一年地为圣诞庆祝会酿造葡萄酒时，不知不觉便发展成了家族经营。20世纪90年代初上市的南非调配酒，也就是大家常说的“开普调配酒”，便是由我们酿造的。作为南非葡萄酒的创新者，今后我们还将为大家送上最佳的葡萄酒。

Clos Malverne Pinotage Reserve

卡洛斯马文珍藏品乐塔吉

使用南非品种——品乐塔吉
味道醇和的红葡萄酒

该酿造厂的历史不算悠久，但他兼用自古以来的方法和现代技术打造葡萄酒。该珍藏品乐塔吉在每年的大赛中都荣获得嘉奖，实属实力派；而其年度生产量极少，亦属珍贵派。所使用的葡萄品种——品乐塔吉由黑皮诺和神索杂交而成，是南非的代表性黑葡萄品种。将该葡萄酒在新酒樽中熟成12个月后，酿造而成的葡萄酒具有浓缩感和醇厚感，能让人品味到品乐塔吉的精髓。

- ◆色泽/红
- ◆品种/品乐塔吉
- ◆原产地/斯泰伦布什
- ◆生产商/卡洛斯马文酒庄
- ◆价格范围/1500~1999日元

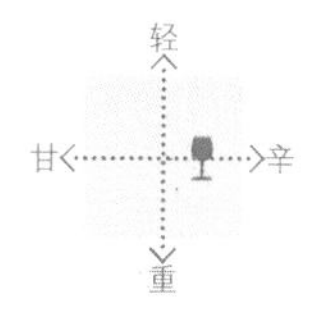

Vergelegen Flagship

伐黑例亘旗舰酒

余味悠长复杂
切身感受其风土条件

伐黑例亘酿造的葡萄酒一直位于世界顶级行列，该酿造厂拥有美丽的庭院、荷兰样式的庄园主宅邸，亦作为观光点被人们熟知。在这里人们不仅仅享受葡萄酒，亦享受优美的环境，时常人山人海、热闹非凡。此葡萄酒使用在最佳土壤和得天独厚的气候下生长的葡萄，可谓奢侈品。悠然自得地发酵、在法国新酒樽中熟成20个月后，味道充满浓缩感，单宁厚重。

- ◆色泽/红
- ◆品种/赤霞珠、梅尔诺、品丽珠
- ◆原产地/斯泰伦布什
- ◆生产商/伐黑例亘
- ◆价格范围/8000~8499日元

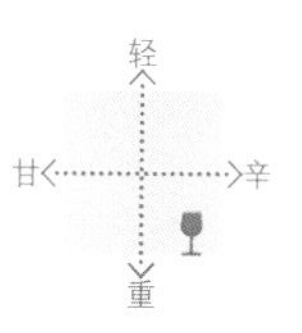

Clos Malverne Auret
卡洛斯马文奥利特红葡萄酒

口感醇厚、浓烈的红葡萄酒

该葡萄酒将国际品种赤霞珠、梅尔诺和南非当地品种品乐塔吉混合酿造而成，需要在法国橡木中进行11个月的熟成，果味馥郁清新。

轻 甘 辛 重

- ◆色泽/红
- ◆品种/赤霞珠、品乐塔吉、梅尔诺
- ◆原产地/斯泰伦布什
- ◆生产商/卡洛斯马文酒庄
- ◆价格范围/1500~1999日元

Simonsig Cuvée Royal Brut
西蒙舍限量版皇家起泡酒

拥有酒脱气泡的优质起泡酒

该南非起泡葡萄酒在日本还不怎么常见，具有细腻的气泡及纯净的味道，清爽润喉。

轻 甘 辛 重

- ◆色泽/起泡葡萄酒
- ◆品种/雪当利
- ◆原产地/斯泰伦布什
- ◆生产商/西蒙舍
- ◆价格范围/3500~3999日元

Anwilka
安维卡酒庄干红葡萄酒

浓烈的核心味道及余韵流入心田

罗伯特·帕克对该酒亦进行了高度评价——“至今品尝的南非葡萄酒中最佳”，口感如同天鹅绒般润滑。

轻 甘 辛 重

- ◆色泽/红
- ◆品种/赤霞珠、西拉、梅尔诺
- ◆原产地/斯泰伦布什
- ◆生产商/安维卡酒庄
- ◆价格范围/7500~7999日元

Vergelegen Sauvignon Blanc
伐黑例亘长相思白葡萄酒

具有300年历史的酿造厂倾力打造的白葡萄酒

该白葡萄酒使用朝南及西南的葡萄田内的葡萄，属于少量生产的优质葡萄酒。果味清新复杂，令人舒畅，余韵悠长。

轻 甘 辛 重

- ◆色泽/白
- ◆品种/长相思
- ◆原产地/斯泰伦布什
- ◆生产商/伐黑例亘
- ◆价格范围/2500~2999日元

Meerlust Rubicon
美蕾酒庄卢比刚红葡萄酒

南非老字号倾力打造

该葡萄酒果味馥郁甘甜，单宁强烈，口感柔和无刺激。同时，余味悠长，口感十足。

轻 甘 辛 重

- ◆色泽/红
- ◆品种/赤霞珠、梅尔诺、品丽珠
- ◆原产地/斯泰伦布什
- ◆生产商/美蕾酒庄
- ◆价格范围/7000~7499日元

Morgenhof Merlot
摩根哈佛梅尔诺红葡萄酒

梅尔诺柔和的体现

漂亮的红宝石色，空气中飘散着樱桃及草莓、混合香料的香气，与在木制酒樽中熟成的柔和单宁保持着完美的平衡。

- ◆色泽/红
- ◆品种/梅尔诺
- ◆原产地/斯泰伦布什
- ◆生产商/摩根哈佛庄园
- ◆价格范围3000~3499日元

J. C. Le Roux Sauvignon Blanc

J.C.勒鲁长相思起泡葡萄酒

具有迸发般爽快感的辛辣起泡葡萄酒

该酿造厂由胡格诺·吉恩·勒鲁开创于1704年，那时，他种植了8000棵葡萄树。如今，该厂的起泡葡萄酒占南非国内市场的一半以上，在国内具有很高的人气。该起泡酒具有果香和辛辣味道，清爽且纯粹的余味令人心情舒畅。

◆色泽/起泡葡萄酒
◆品种/长相思
◆原产地/斯泰伦布什
◆生产商/J.C.勒鲁
◆价格范围/1500~1999日元

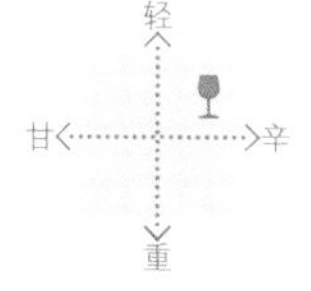

DeWaal Pinotage

德瓦尔品乐塔吉红葡萄酒

悠悠地品味葡萄的美味
使用世界最古老的品乐塔吉

该酿造厂拥有世界最古老的品乐塔吉树，是最早的葡萄酒生产名厂。由其酿造的旗帜葡萄酒具有成熟樱桃及李子的馥郁香气以及优雅的浓缩感，余味舒畅、悠长。

◆色泽/红
◆品种/品乐塔吉
◆原产地/斯泰伦布什
◆生产商/德瓦尔
◆价格范围/2500~2999日元

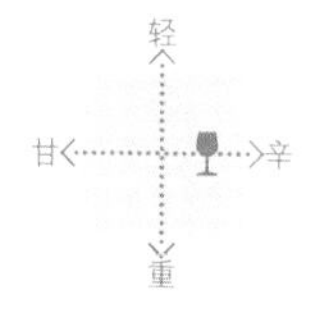

Austin Cabernet Sauvignon Merlot

奥斯丁赤霞珠梅尔诺

将高人气的两种葡萄混制而成
物有所值

科林酿造厂于1674年由当时的州长设立而成。在南非，它是第三古老的酿造厂，位于葡萄酒酿造历史最为悠久的帕尔地区。在南非属于小规模的家族化经营酿造商。栽培面积为28公顷，全力为提高葡萄的品质而精心作业。

奥斯丁由该酿造厂最得意的赤霞珠和树龄很高的梅尔诺混制而成，使用的是在世界很受欢迎的两大品种。为了如实表现葡萄的味道，尽可能不使用酒樽，酿造而成的葡萄酒味道十分新鲜。由于使用寒冷气候下生长的葡萄，具有浓缩感，口味优雅。

◆色泽/红
◆品种/赤霞珠、梅尔诺
◆原产地/帕尔
◆生产商/贵府山庄园
◆价格范围/1000~1499日元

◆生产者荐言 **罗德尼·津巴**

贵府山庄园是南非的古老酿造厂之一，位于大家公认的适合葡萄栽培的帕尔地区。开普敦地区调制酒剂和清新的白葡萄酒，味道自然、便于饮用，受到当地人们的喜爱。由于属于少量生产，所以大部分不出口。但即使是这样，能够通过葡萄酒与更多的爱好者认识，我还是非常高兴的。也希望大家今后能多多享用我们的葡萄酒！

Cowlin Noble Hill
贵府山科林红葡萄酒

酿造商历史约300年
味道浓烈的红葡萄酒

贵府山单一田内种植的葡萄品种极佳，该葡萄酒使用的就是从该田收获的高级品种赤霞珠和梅尔诺。再混入小华帝，使产生韵味及复杂性。另外，还需要在法国橡木中熟成14个月，可谓奢侈之品。味道优雅、醇厚具有浓缩感，且余味悠长，令饮者切身感受其风格。

- ◆色泽/红
- ◆品种/赤霞珠、梅尔诺、品丽珠、小华帝
- ◆原产地/帕尔
- ◆生产商/贵府山庄园
- ◆价格范围/2000~2499日元

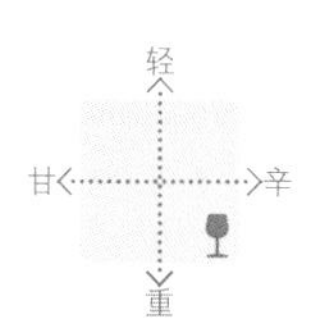

Noble Hill Sauvignon Blanc
贵府山长相思白葡萄酒

清新的香气让人心情舒畅

柠檬及葡萄柚般的清爽香气和具有透明感的酸味，弥漫于整个口中，让饮者尽情地享受着葡萄的新鲜与美味。

轻 / 甘 / 辛 / 重

- ◆色泽/白
- ◆品种/长相思
- ◆原产地/帕尔
- ◆生产商/贵府山庄园
- ◆价格范围/1000~1499日元

Vilafonté Series C
维拉芳特系列C红葡萄酒

果肉馥郁
传统的解百纳红葡萄酒

该红葡萄酒风格兼备优雅及优美，韵味十足，单宁浓烈馥郁，令人不禁悠然享用。

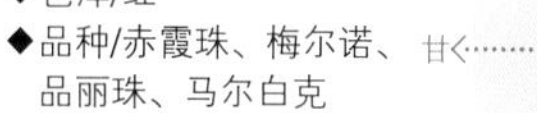
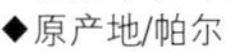

轻 / 甘 / 辛 / 重

- ◆色泽/红
- ◆品种/赤霞珠、梅尔诺、品丽珠、马尔白克
- ◆原产地/帕尔
- ◆生产商/维拉芳特
- ◆价格范围/10000~20000日元

Beaumont Chenin Blanc Hope Marguerite

宝梦庄园希望之菊白诗南

细腻的味道、纯粹的酸气

宝梦庄园作为世代家族经营的酿造商，历史可追溯至18世纪，所有田为34公顷，属于小规模经营。它在南非开普地区的东南方向的沃克湾进行葡萄酒的生产。该地域受海流影响，普遍为寒冷气候，因此，葡萄生长良好，特别是白葡萄的透明感十足。该酒使用的葡萄便是在这样的寒冷气候下生长的、来自开普地区的白诗南。它需要在法国橡酒樽中熟成，味道细腻上乘。

- ◆色泽/白
- ◆品种/白诗南
- ◆原产地/沃克湾
- ◆生产商/宝梦庄园
- ◆价格范围/1500~1999日元

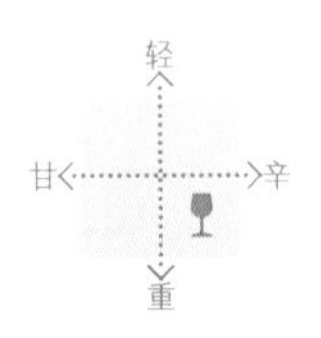

Beaumont Ariane

宝梦庄园阿里安红葡萄酒

通过复杂的混制而成
让饮者切身感受其风格

该庄园酿造的红葡萄酒为波尔多系高级品种，白葡萄酒为白诗南，均得到国际性高度评价。阿里安是该庄园红葡萄酒的顶级限量版，其使用精选葡萄，每年仅有700盒装上市。该酒使用赤霞珠等波尔多风格的品种，需要在酒樽中熟成1年，通过葡萄的复杂混制，味道也极其复杂、醇和、范围广。黑色果实的香气与细腻的单宁，均衡地融入“骨架”味道之中。

- ◆色泽/红
- ◆品种/梅尔诺、赤霞珠、品丽珠
- ◆原产地/沃克湾
- ◆生产商/宝梦庄园
- ◆价格范围/2000~2499日元

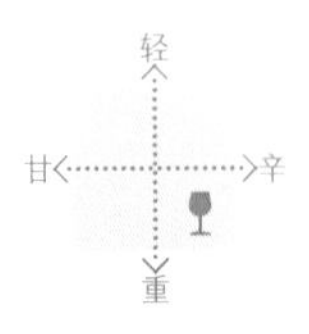

Beaumont Chenin Blanc
宝梦庄园白诗南白葡萄酒

味道透澈细腻

该白葡萄酒使用白诗南酿造而成，具有透明感，酸味令人心情舒畅，味道醇厚上乘。同时，充分发挥了葡萄的美味。

- ◆色泽/白
- ◆品种/白诗南
- ◆原产地/沃克湾
- ◆生产商/宝梦庄园
- ◆价格范围/1000~1499日元

Beaumont Pinotage
宝梦庄园品乐塔吉红葡萄酒

味道馥郁的品乐塔吉

在法国橡木中进行14个月的熟成后，丰富的单宁变为浓烈的味道。口感细腻，也可以进行长期熟成。

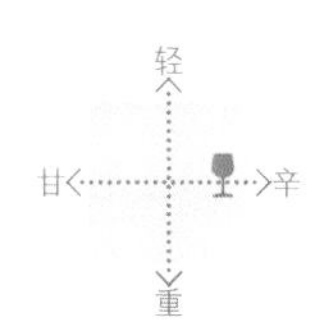

- ◆色泽/红
- ◆品种/品乐塔吉
- ◆原产地/沃克湾
- ◆生产商/宝梦庄园
- ◆价格范围/2000~2499日元

Newton Johnson Syrah Mourvedre
纽顿·约翰逊西拉慕合怀特

优雅与浓烈达到绝妙的平衡

该红葡萄酒味道如同熟透蓝莓般馥郁，酸性和单宁充分。余味宛如咖啡和巧克力。

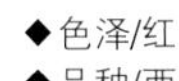

轻
甘
辛
重

- ◆色泽/红
- ◆品种/西拉、慕合怀特
- ◆原产地/沃克湾
- ◆生产商/纽顿·约翰逊
- ◆价格范围/3000~3499日元

专栏 葡萄酒瓶塞的开启方法

虽然有使用起来很方便的开瓶器，但侍酒师刀亦是人们所憧憬的。倘若掌握了这些技巧，使用起来会非常简单。熟练使用，来体验一下侍酒师的心情吧！

①用大拇指按住瓶口的同时，将瓶套划上痕迹。

②划转一周后，将瓶套撕下，用布等擦拭瓶口。

③将开塞钻对准软木塞的正中间，再进行旋转，钻入软木塞中。

④将金属支点(一般为银色的凹处)放置瓶沿，另一只手按住瓶口和刀。

⑤掌握用力的要领，将软木塞向上提起。

⑥在软木塞离瓶口还有1cm的时候，松开金属支点、抓住软木塞，轻轻地将其拔出，用布等擦拭瓶口。

Hamilton Russel Pinot Noir
哈密顿·罗素黑皮诺红葡萄酒

南非珍贵黑皮诺

第一口，给人带来柔和的印象，接下来，浓郁的果味慢慢扩散开来，让饮者充分感到其中的韵味。同时，单宁柔和细腻。

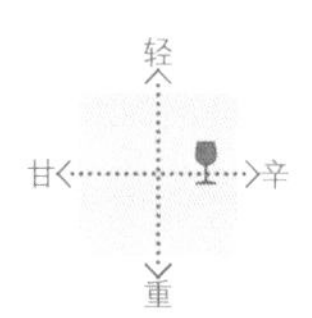

- ◆色泽/红
- ◆品种/黑皮诺
- ◆原产地/沃克湾
- ◆生产商/哈密顿·罗素酒庄
- ◆价格范围/6500~6999日元

The Chocolate Block
巧克力庄园红葡萄酒

适合作为情人节礼物

涩味恰到好处，味道宛如巧克力般浓厚柔和。朴实的酒标，甚至可以在上面书写赠言，十分别致。

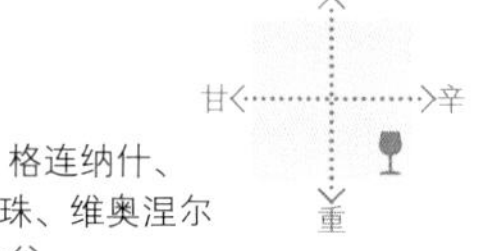

- ◆色泽/红
- ◆品种/西拉、格连纳什、神索、赤霞珠、维奥涅尔
- ◆原产地/弗兰谷
- ◆生产商/柏克鲁夫巧克力庄园
- ◆价格范围/3500~3999日元

Bergwater Royal Reserve
毕华达御盛特选

深色调、重酒体

非甘甜水果及莓果的丰富口感，伴随着香草，饮用的过程中，散发出不同的香气，耐人寻味。酸气和单宁的味道亦十分醇厚。

轻

甘 辛

重

- ◆色泽/红
- ◆品种/赤霞珠、梅尔诺、西拉
- ◆原产地/阿尔伯特亲王
- ◆生产商/毕华达庄园
- ◆价格范围/3000~3499日元

Boschendal Cabernet Sauvignon Reserve
布朗酒庄珍藏赤霞珠红葡萄酒

亲身感受到南非大地的强劲味道

该酒庄一直效仿法国传统风格进行葡萄酒的酿造。这款优雅红葡萄酒具有红莓系水果的芳醇香气，兼备浓烈和温和。

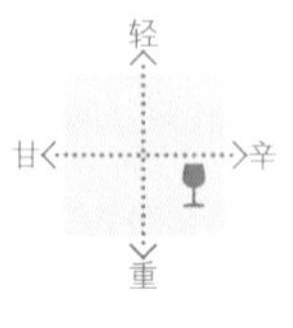

- ◆色泽/红
- ◆品种/赤霞珠
- ◆原产地/海岸产区
- ◆生产商/布朗酒庄
- ◆价格范围/2500~2999日元

Rupert & Rothschild Baroness Nadine Chardonnay

璐伯罗彻男爵夫人精选雪当利

仅使用严格筛选后的雪当利
品质上乘的辛辣白葡萄酒

该葡萄酒使用的雪当利来自南非尤其寒冷的葡萄田，全部经过严格筛选，并且在橡木酒樽或不锈钢酒桶内进行发酵，和11个月的酒樽熟成。其味道优雅，如同白色花朵及酸橙般爽快。

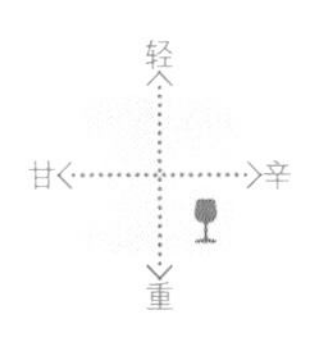

- ◆色泽/白
- ◆品种/雪当利
- ◆原产地/ 西开普
- ◆生产商/璐伯罗彻
- ◆价格范围/3500~3999日元

Paul Cluver Noble Late Harvest

保罗・克卢弗贵族晚熟威士莲

南非屈指可数的餐后葡萄酒

该酿造商的宗旨是“酿造果味香醇，品质上乘，均衡的葡萄酒”。该葡萄酒将此宗旨完美地体现出来，具有浓烈的酸味和优质的蜂蜜般甘甜。

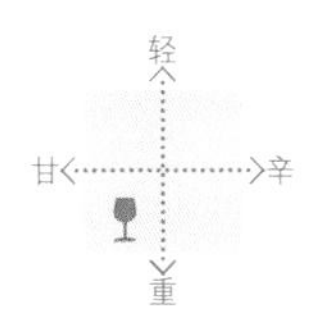

- ◆色泽/白
- ◆品种/维斯威士莲
- ◆原产地/埃尔金
- ◆生产商/保罗・克卢弗
- ◆价格范围/3000~3499日元（375ml）

Rietvallei Estate Sauvignon Blanc

瑞特山谷酒庄长相思白葡萄酒

由该地区最古老的庄园之一倾力打造
优雅的白葡萄酒

葡萄酒产地——罗贝尔森地区位于南非内陆，与其他地域不同，此地为砂质土壤。这对葡萄的影响极大，酿造而成的葡萄酒酒体不过于浓烈，味道优雅，香气馥郁。提到非洲的白葡萄酒，白诗南是非常有名的，近年来，长相思的评价亦在不断提高。该葡萄酒将长相思的个性——淡淡的苦味、清爽的酸味完美地表现出来，果味均衡，余味悠长。

- ◆色泽/白
- ◆品种/长相思
- ◆原产地/罗贝尔森
- ◆生产商/瑞特山谷酒庄
- ◆价格范围/2000~2499日元

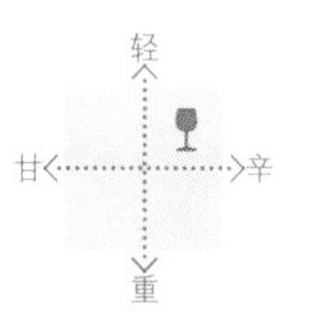

日本

热情高涨的生产者崭露头角 高速发展的势头不容忽视

日本温度较高、葡萄培育和收获时期的雨量较多，因此并不适合葡萄的栽培，但却陆续出现了许多热情饱满的年轻酿造者。他们不断试着酿造国际水平的葡萄酒，其活跃性异常惊人。以山梨和长野为中心，人们在酿造甲州、麝香葡萄莓果A、尼亚加拉等日本特有轻快品种的葡萄酒外，还在积极地挑战赤霞珠及雪当利等国际品种。

而另一方面，日本的葡萄酒酿造方法尚未完善，国内产地酿造的国产葡萄酒和利用进口原料酿造的葡萄酒仍存在着差异。为了打破这种状态，人们想到在胜沼和长野县等一部分地区，采取原产地统治

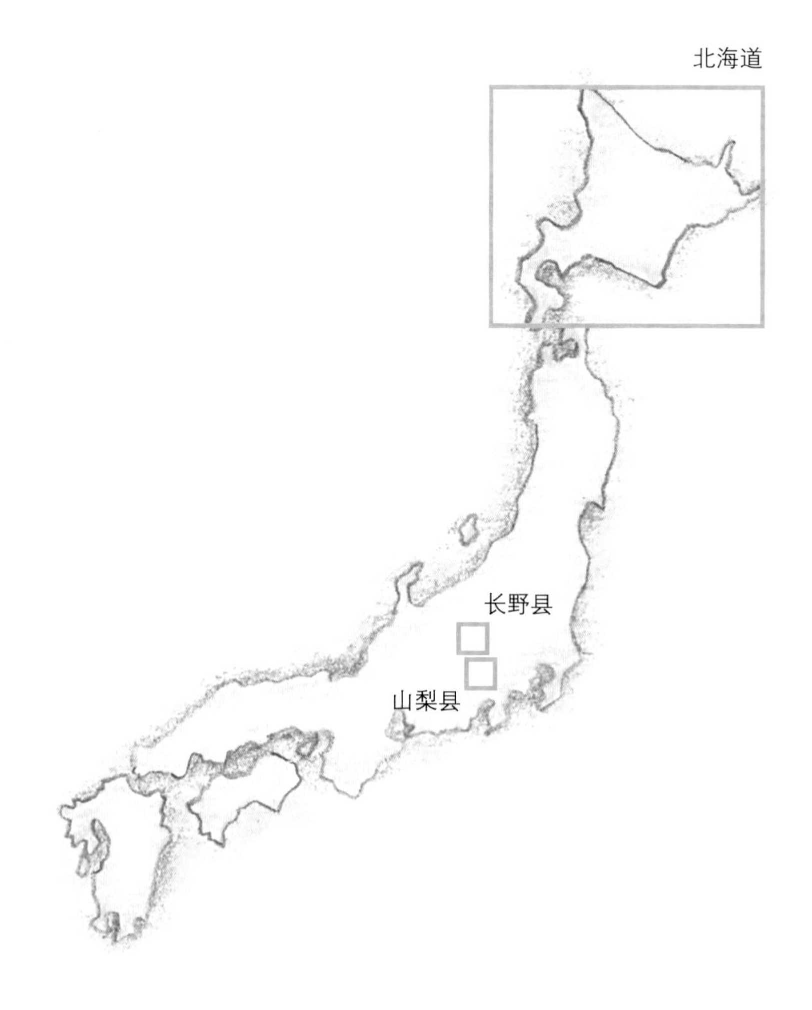

法。如今，可以说日本的葡萄酒产业正在迎来它的变革时期。

日本的主要产地为雨量较少、昼夜温差大的山梨县、长野县等。在北海道和山形县、九州，也逐渐出现了对葡萄酒酿造充满热情的酿造师。

日本的主要葡萄酒产地

〈山梨〉

山梨是日本葡萄酒产业的中心地。仅位于甲府盆地的甲州市胜沼地区的酿造厂就超过30家，山梨的市场占有率约占国内生产总量的三分之一。葡萄酒的优质品质在国产葡萄酒中属于最高级别。有许多酿造商一心致力于甲州葡萄和麝香葡萄莓果A等固有品种。

〈长野〉

长野的葡萄酒产业成长速度惊人，如今已与山梨一起，成为日本的代表性葡萄酒产地。山梨葡萄酒以甲州等国产品种为中心，而长野县的许多酿造商则致力于梅尔诺及雪当利等国际品种。从北信地区至小诸的千曲川流域，气候寒冷且昼夜温差大，是葡萄的主要栽培地。人们在长野县设立了原产地称呼管理制度“长野AOC”，同时倾力打造本县所产葡萄酒的品牌。

〈北海道〉

北海道是今后值得期待的地区。

该地区无梅雨和台风，葡萄成长期间雨量小，很适合葡萄的栽培。以前主要栽培耐寒的山葡萄系杂交品种，现在不断栽培肯纳等气候相似的德国系品种。北海道葡萄酒酿造独有的优势是，葡萄田面积广、机械化减少成本、品质上乘、价格合适。主要产地有十胜、富良野、余市等。栽培着优质葡萄，而没有酿造设备的农家，会将葡萄批发给其他县的葡萄酒酿造商，为国内的整个葡萄酒生产贡献着力量。

另外，山形县是日本值得期待的葡萄酒产地。这里夏季炎热，在葡萄的生长期降雨量低、昼夜温差大，适合优质葡萄的栽培。最初是向大型酿造厂提供原料葡萄的优质葡萄产地。年轻酿造师和全县的努力也不容忽视。

此外，九州也在不断开发葡萄酒专用葡萄，譬如雪当利等国际品种。

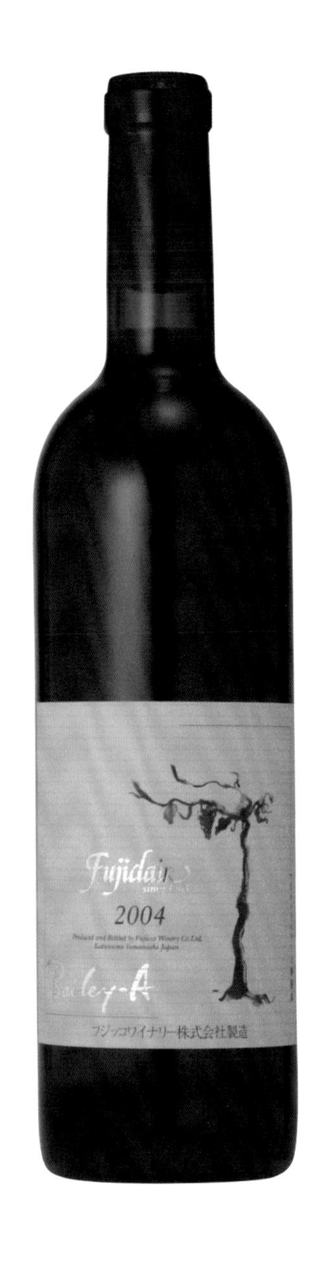

贝利A·酒樽熟成红葡萄酒

100%使用山梨县产的麝香葡萄莓果A细腻的红葡萄酒

该酿造厂开创于1986年，使用本地——山梨的葡萄，致力于手工酿造的葡萄酒。它虽历史较短，但在各比赛中屡获殊荣，在近年的国产葡萄酒特集等处必被介绍到，是名副其实的实力派。公司经理曾在法国及加利福尼亚等国家从事过最前沿的葡萄酒酿造，因此对葡萄酒很是了解，也希望能够酿造出表现日本个性的葡萄酒。据说，在担任藤子酿造厂的总经理之后，他便开始奔走于优秀农家，对葡萄的种植进行亲身指导。

该葡萄酒作为日本的葡萄品种，100%使用高人气的贝利A，是不容置疑的正宗派。将山梨产的成熟的贝利A进行不锈钢酒桶发酵后，再在法国橡木酒樽中进行充分熟成。封瓶后再进行瓶中熟成，使其散发更加复杂的味道和柔和感。来自贝利A的草莓及木莓香气十分柔和，再加上来自酒樽的香草香气，使香味层层迭起。

◆色泽/红
◆品种/贝利A
◆原产地/山梨
◆生产商/藤子酿造厂
◆价格范围/1500~1999日元

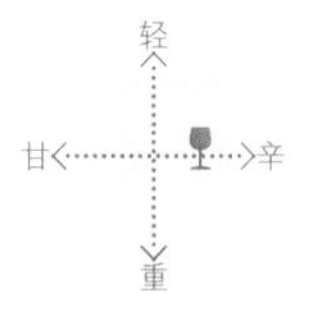

◆生产者荐言

我们于1986年，作为食品公司的葡萄酒酿造部门开始葡萄酒的酿造，其中，主要将山梨县的葡萄作为酿造原料。我们日复一日地不断研究顾客们中意的葡萄酒，并且并非大量生产，而是限量生产且一心致力于手工酿造。大家可以进行葡萄酒的试尝，亦可以参观学习我们的酿造厂，工作人员会做酿造设施的陪同向导。在您来山梨之时，请您一定过来歇歇脚！

鲁拜亚特甲州苏黎干白葡萄酒

日本水土打造、适合日餐的白葡萄酒

该酿造厂创办于1890年，历史悠久。如今，它以从波尔多修学归来的第四代传人大村春夫为核心，积极致力于欧洲系品种，以世界市场为目标进行葡萄酒的酿造。不过引人注目的还是日本独有的品种，该葡萄酒重视日本的风土条件，专注于甲州品种的确立。清新的香味和生动的酸味分明，辛辣的味道适合与日餐搭配。

◆色泽/白
◆品种/甲州
◆原产地/山梨
◆生产商/丸藤葡萄酒工业
◆价格范围/1500~1999日元

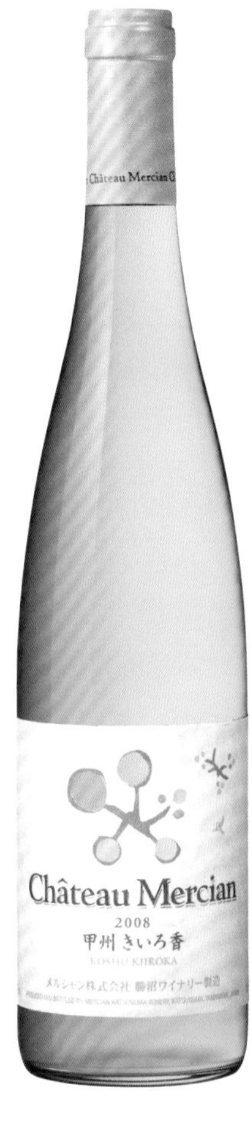

美香庄园黄香甲州白葡萄酒

最大限度表现日本品种——甲州的香气

该葡萄酒由日本葡萄酒的先驱——美香庄园亲自打造，所使用的葡萄是日本固有的葡萄品种——甲州。该葡萄的特征是葡萄柚等柑橘系的香气。该葡萄酒散发着甲州的香气，充满个性。其香气不容质疑，水果香宛如葡萄柚和梨一般，倒入酒杯时，优雅的香气沁人心脾。味道柔和浓郁，与温和的酸味保持着完美的平衡。亦适合与菜肴搭配，特别是嫩煎的鱼肉及天妇罗等。

◆色泽/白
◆品种/甲州
◆原产地/山梨
◆生产商/美香庄园
◆价格范围/2000~3000日元

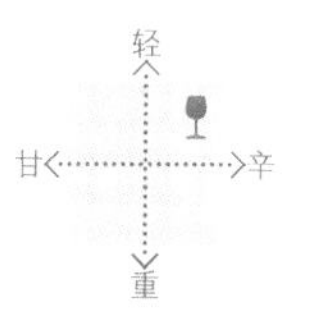

藤克莱尔尼亚加拉起泡葡萄酒

由国产葡萄酒酿造而成的起泡酒

该起泡葡萄酒由胜沼四大天王之一——藤子酿造厂亲自打造而成，使用的是100%国产葡萄品种——尼亚加拉。由于不经过过滤，所以在瓶底会有沉淀渣，但其果味浓厚，味道浓烈柔和。

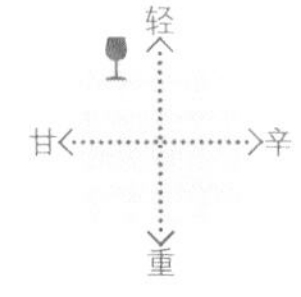

◆色泽/起泡葡萄酒
◆品种/尼亚加拉
◆原产地/山梨
◆生产商/藤子酿造厂
◆价格范围/1000~1499日元

怡园格里斯甲州白葡萄酒

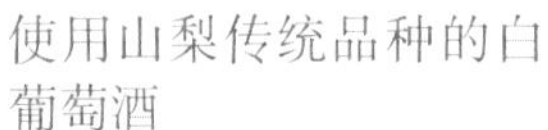

使用山梨传统品种的白葡萄酒

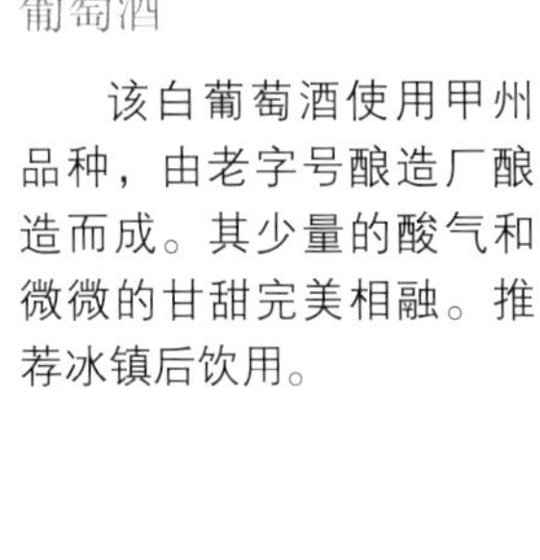

该白葡萄酒使用甲州品种，由老字号酿造厂酿造而成。其少量的酸气和微微的甘甜完美相融。推荐冰镇后饮用。

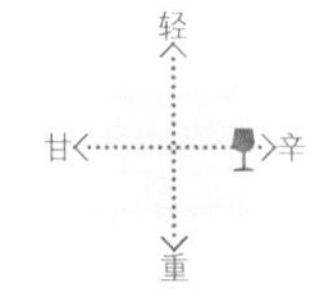

◆色泽/白
◆品种/甲州
◆原产地/山梨
◆生产商/中央葡萄酒
◆价格范围/1500~1999日元（2010年5月新年份估价）

甲州黄金年份白葡萄酒

用甲州葡萄酿造而成的清新白葡萄酒

该白葡萄酒使用具有1300年历史、在胜沼风土环境下生长的甲州葡萄，其口感十分柔和，具有崩裂般爽快感。

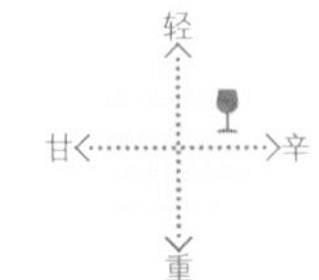

◆色泽/白
◆品种/甲州
◆原产地/山梨
◆生产商/胜沼酿造
◆价格范围/2000~2499日元

贝利A·黄金年份麝香红葡萄酒

具有浓缩感的浓烈红葡萄酒

酿造者不断在自家葡萄田上做纠错试验，在限制收获量的同时，探寻具有浓缩感的原料，并且仅使用自家栽培的葡萄。该红葡萄酒的酒体十分浓郁。

轻
甘
辛
重

◆色泽/红
◆品种/贝利A
◆原产地/山梨
◆生产商/胜沼酿造
◆价格范围/2000~2499日元

哈拉莫黄金年份酒樽熟成雪当利

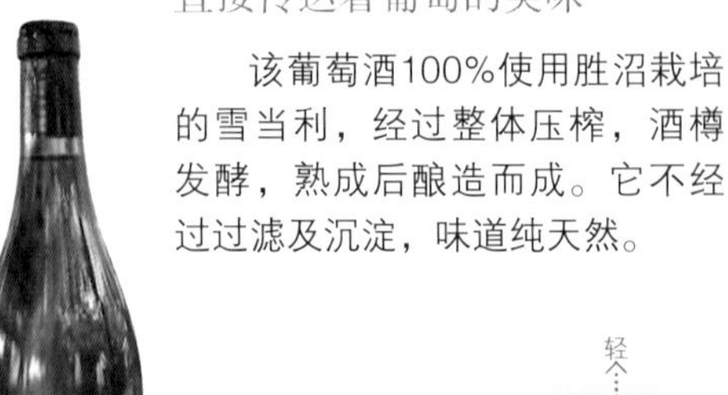

直接传达着葡萄的美味

该葡萄酒100%使用胜沼栽培的雪当利，经过整体压榨，酒樽发酵，熟成后酿造而成。它不经过过滤及沉淀，味道纯天然。

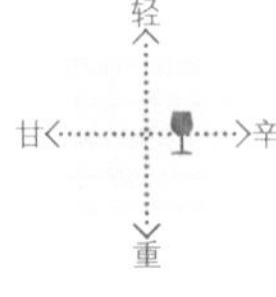

◆色泽/白
◆品种/雪当利
◆原产地/山梨
◆生产商/原茂酿造厂
◆价格范围/3500~3999日元

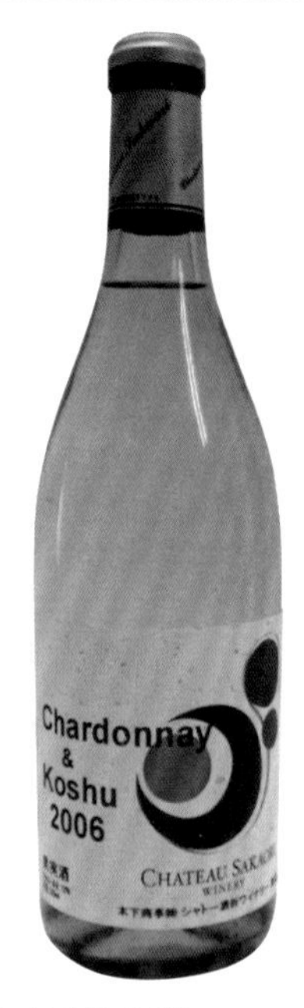

酒折庄园雪当利甲州2006

酸性丰富的清新白葡萄酒

该葡萄酒由自家农园收获的雪当利和当地的甲州混制而成。雪当利的热带香味和甲州恰到好处的涩味，均衡地完美融合于一体。

- ◆色泽/白
- ◆品种/雪当利、甲州
- ◆原产地/山梨
- ◆生产商/酒折庄园酿造厂
- ◆价格范围/2000~2499日元

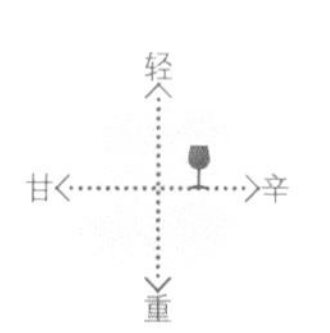

登美红葡萄酒

强劲的酒体与细腻同在

黑莓和李子等馥郁香气与酒樽熟成产生的咖啡和椰子香气共同构成其复杂性。酸气和单宁使饮者心情倍加舒畅。

- ◆色泽/红
- ◆品种/赤霞珠、梅尔诺
- ◆原产地/山梨
- ◆生产商/三得利登美之丘酿造厂
- ◆价格范围/12000~13000日元

专栏  葡萄酒和健康

20世纪90年代后期，以美国的报道为契机，红葡萄酒“有益健康”一下子引起了人们的关注。法国人虽然食肉者较多且吸烟率很高，但在这种生活习惯下，为什么患病率却很低呢？一般认为，解释该反论的关键就在于，法国人一直在喝红葡萄酒。红葡萄酒内包含抗酸化物质——多酚，它可以清理血管，防止动脉硬化。据报道，红葡萄酒亦有抗衰老的功效。

而有关白葡萄酒的“生牡蛎配白葡萄酒”说法，不仅是因为搭配食用更加美味，而更重要的是，白葡萄酒店具有杀菌作用。白葡萄对引起食物中毒的沙门菌和大肠菌有很强的抗菌效果，还含有大量当代人容易缺乏的营养元素及矿物质。

多数葡萄酒爱好者均精力充沛，或许是葡萄酒的效果，或许是享受着葡萄酒生活带来的乐趣，也或许二者均有效用。

不过，任何事情都不能过度，适量、适度饮用才是最有益于健康的。

小布施世家奥汀娜梅尔诺

其影响及个性
打破了至今国产葡萄酒的印象

该酿造厂创办于1942年，如今是最值得期待的日本酿造厂之一。栽培酿造负责人曾我彰彦在法国修学的过程中，深信根据耕田的特征，在日本也能酿造出极佳的葡萄酒。他不断地开垦葡萄田，一心致力于葡萄酒的酿造，并立下了宏伟目标——将来终有一天100%使用自己农场产的葡萄。该葡萄酒严格筛选自家农产葡萄和国内优良农家的葡萄酿造而成。在“国产葡萄酒系品种(窖藏)真正价格的体现”的信念下，该葡萄酒全部通过窖藏打造而成，极为奢侈。

- 色泽/红
- 品种/梅尔诺
- 原产地/长野
- 生产商/小布施酿造厂
- 价格范围/1500~1999日元

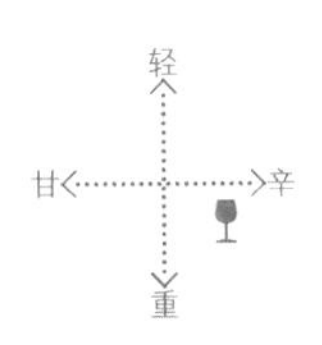

小布施庄园2006一级赤霞珠

采取旧式法国酿造法

小布施庄园是通过严格筛选自家农场的最优葡萄酿造而成的优质葡萄酒。其味道优雅、不过于苦涩，单宁亦恰到好处。

- 色泽/红
- 品种/赤霞珠
- 原产地/长野
- 生产商/小布施酿造厂
- 价格范围/5000~5499日元

轻

甘 辛

重

太阳信州小诸雪当利窖藏

味道柔和馥郁

该葡萄酒使用限制收获量的高品质葡萄，在新酒樽中进行发酵。费尽心思酿造而成的这款酒为漂亮的金黄色，香气丰富复杂，味道优雅。

- 色泽/白
- 品种/雪当利
- 原产地/长野
- 生产商/曼色葡萄酒
- 价格范围/6500~6999日元

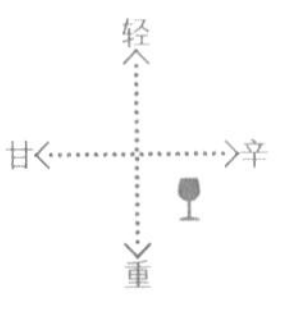

圣久世富良野长野雪当利2008

让人感到长野的清凉之夏
品质上乘的辛辣白葡萄酒

该葡萄酒100%使用在高山村和自家田收获、北信产的雪当利。香气如同苹果般清新、饼干般浓厚。口感醇和，核心味道清爽。

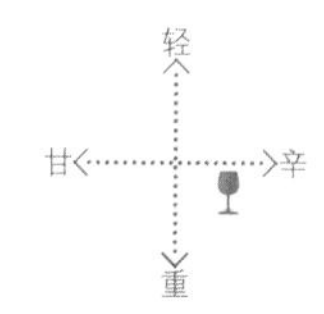

- ◆色泽/白
- ◆品种/雪当利
- ◆原产地/长野
- ◆生产商/圣久世酿造厂
- ◆价格范围/3000~4000日元

井筒NAC梅尔诺葡萄酒

长野典范、备受认可

NAC意为长野县原产地称呼管理制度。使用盐尻市收获的梅尔诺，果味带有梅尔诺的柔和。合适的单宁与酸气均匀地扩散开来。

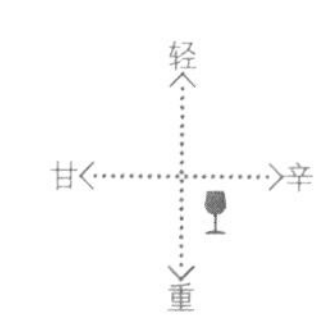

- ◆色泽/红
- ◆品种/梅尔诺
- ◆原产地/长野
- ◆生产商/井筒葡萄酒
- ◆价格范围/1000~1499日元

富良野米勒托高葡萄酒

青苹果般清新爽快

该葡萄酒在国产葡萄酒大赛中屡获殊荣，其味道生动清新，带有果香，具有青苹果般的香味和清爽的酸味。

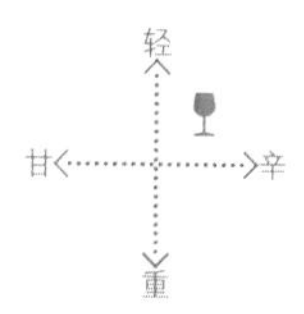

- ◆色泽/白
- ◆品种/米勒托高
- ◆原产地/北海道
- ◆生产商/富良野酿造厂
- ◆价格范围/1400~1600日元

富良野庄园白葡萄酒

使用德国系品种
柔和的白葡萄酒

该葡萄酒使用非压榨果汁、自流酒酿造而成，可谓奢侈。充分散发着葡萄的精华，甘甜的香气如同熟透的果实一般，口感柔和。

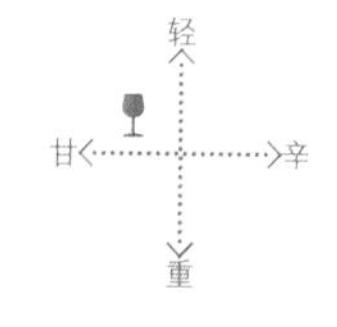

- ◆色泽/白
- ◆品种/巴克斯、肯纳
- ◆原产地/北海道
- ◆生产商/富良野酿造厂
- ◆价格范围/2400~2600日元

富良野茨威格白葡萄酒

深深的色泽、合适的涩味

该葡萄酒使用的富良野茨威格与其他地区相比，单宁更加浓烈。需要进行5年以上的熟成，余味悠长纯粹。

- ◆色泽/红
- ◆品种/茨威格
- ◆原产地/北海道
- ◆生产商/富良野酿造厂
- ◆价格范围/3000~3499日元

月浦米勒托高2007白葡萄酒

葡萄酒大赛的常胜者
味道浓厚的白葡萄酒

月浦酿造厂以“优质葡萄酒源于葡萄”“葡萄酒酿造即是葡萄栽培”为宗旨，源自可以望见有珠山和洞爷湖的虻田市（现洞爷湖市）的一片葡萄田。该米勒托高使用收获于自家农园、严格筛选的葡萄，味道浓厚辛辣，具有闪闪发光的清澈色泽，麝香葡萄般果味十足的香气，与酸味融为一体。既可以与日餐搭配，亦可以作为餐前酒饮用。在国产葡萄酒大赛中屡获殊荣，可见实力非同一般。

- ◆色泽/白
- ◆品种/米勒托高
- ◆原产地/北海道
- ◆生产商/月浦酿造厂
- ◆价格范围/3000~3499日元

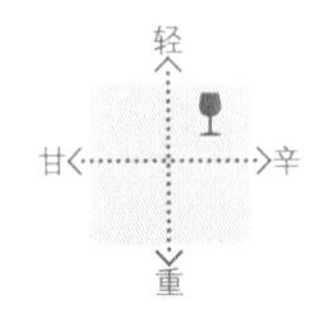

月浦丹菲特2007红葡萄酒

超赞的深红色、果味馥郁

丹菲特亦是葡萄酒名，它是德国开发的红葡萄酒专用葡萄品种，对自然条件的抵抗力和成熟度极强，在德国的栽培面积不断增加。由该葡萄酿造而成的葡萄酒色泽深、果味馥郁。该葡萄酒就是最好的体现，它味道浓烈却不过重，酸味饱满。与色泽不一致的是，单宁并不浓烈，易于饮用。酒标独特，具有设计性。

- ◆色泽/红
- ◆品种/丹菲特
- ◆原产地/北海道
- ◆生产商/月浦酿造厂
- ◆价格范围/3000~3499日元

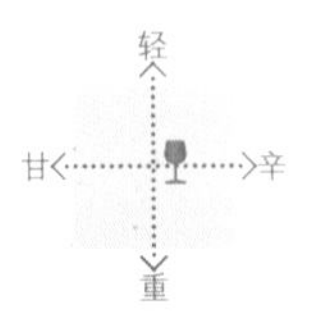

利卡肯纳白葡萄酒

清秀的印象 柔和的白葡萄酒

该白葡萄酒使用具有葡萄柚及柠檬等柑橘系香气的品种，口感清爽。其酸味柔和，与果味完美地融为一体，亦具有白色花朵的口感。

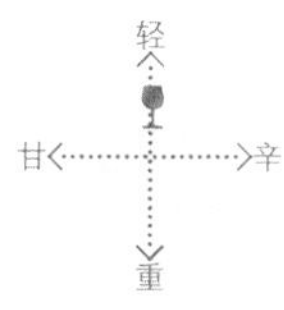

- ◆色泽/白
- ◆品种/肯纳
- ◆原产地/北海道
- ◆生产商/宝水酿造厂
- ◆价格范围/2000~2499日元

宝水莱姆贝格红葡萄酒

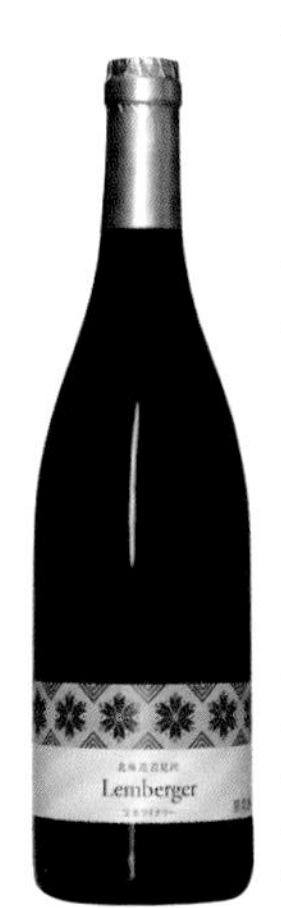

华丽上乘的香气

该葡萄酒使用德国和澳大利亚系葡萄——莱姆贝格，具有木莓及巧克力般口感，酒体适中，令饮者倍加舒畅。

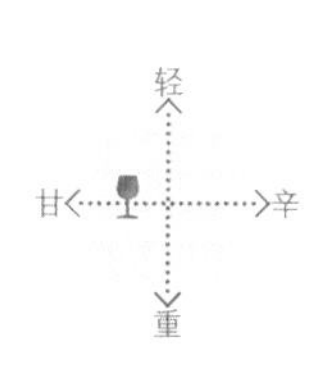

- ◆色泽/红
- ◆品种/莱姆贝格
- ◆原产地/北海道
- ◆生产商/宝水酿造厂
- ◆价格范围/1500~1999日元

山崎酿造厂茨威格红葡萄酒

口感柔和、便于饮用

将澳大利亚广泛栽培的茨威格利用3种酵母进行发酵，并且在法国橡木中进行熟成，酿造而成的该红葡萄酒味道十分清新。

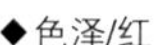

- ◆色泽/红
- ◆品种/茨威格
- ◆原产地/北海道
- ◆生产商/山崎酿造厂
- ◆价格范围/2500~2999日元

山崎酿造厂巴克斯白葡萄酒

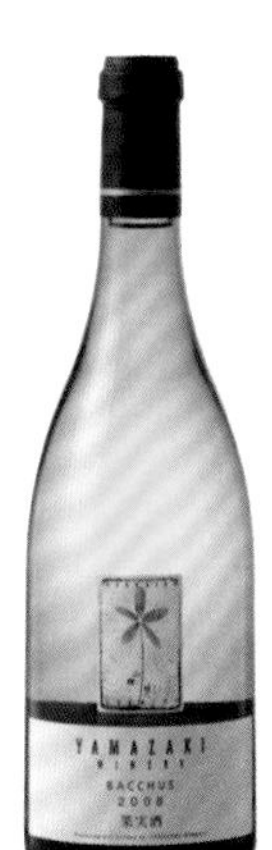

酸味与甘甜达到完美的平衡

巴克斯是西万尼和威士莲的杂交品种。成熟后，酸味便会脱落，但酿造者会根据好收获的时机，因此酸味恰到好处。

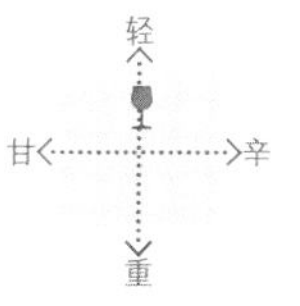

- ◆色泽/白
- ◆品种/巴克斯
- ◆原产地/北海道
- ◆生产商/山崎酿造厂
- ◆价格范围/2000~3000日元

山崎酿造厂梅尔诺红葡萄酒

令人倍感果味的浓郁

该葡萄酒将梅尔诺的特征——李子等香气丰富地扩散开来。为了表现出该香气的特征，需要通过改变每个酒桶的温度进行发酵。

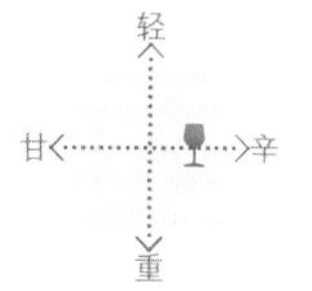

- ◆色泽/红
- ◆品种/梅尔诺
- ◆原产地/北海道
- ◆生产商/山崎酿造厂
- ◆价格范围/3000~3499日元

奥出云雪当利葡萄酒

酸味稳定、香气馥郁柔和

该酿造厂位于岛根县——奥出云，以自然为依托，进行葡萄酒的酿造。酿造厂的旁边即是自家葡萄田，主要栽培以雪当利为主的欧洲系品种，在保护环境的同时，亦不打破生态系统。以精心栽培的葡萄为原料的葡萄酒，味道天然美味。打开酒塞之后，马上飘散出黄油及蜂蜜、白色花朵般香气。随着温度的上升，会散发出坚果和矿物质的香气。推荐在16℃左右进行饮用。

- ◆色泽/白
- ◆品种/雪当利
- ◆原产地/岛根
- ◆生产商/奥出云葡萄园
- ◆价格范围/3000~3499日元

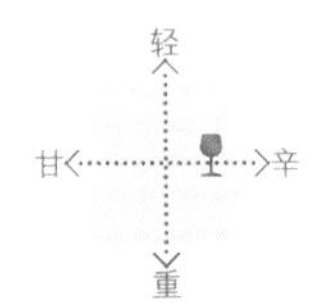

NOVO起泡葡萄酒

绞尽脑汁精心酿造而成
优雅复杂的起泡葡萄酒

20世纪50年代，栃木县足利市的山体斜坡作为葡萄田进行开垦。为了充分活用收获的葡萄，于1980年创立了酿造厂。作为日本顶级酿造厂之一，“NOVO”作为干杯酒出现在2000年夏季举行的冲绳西方七国首脑会议的晚餐上，从此一举成名。该葡萄酒使用香槟酒方式，需要在瓶内熟成36个月，并进行去渣。所使用的葡萄是山顶的威士莲品种，味道新鲜。

- ◆色泽/起泡葡萄酒
- ◆品种/里奥威士莲
- ◆原产地/沥木
- ◆生产商/可可农场
- ◆价格范围/9500~9999日元

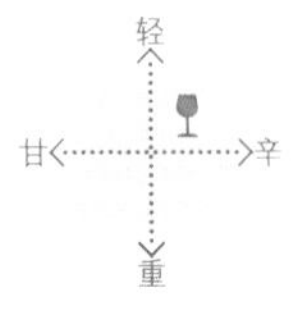

高畠上和田白皮诺白葡萄酒

由山形大地打造
活力十足的白葡萄酒

一般认为，白皮诺生长要求苛刻，很难进行栽培，但日本的山形县高畠市上和田地区很适合该葡萄的栽培。该白葡萄酒具有清爽青苹果般的香气和丰富的酸味，给人留下透澈的印象。

- ◆色泽/白
- ◆品种/白皮诺
- ◆原产地/山形
- ◆生产商/高畠葡萄酒
- ◆价格范围/1500~1999日元

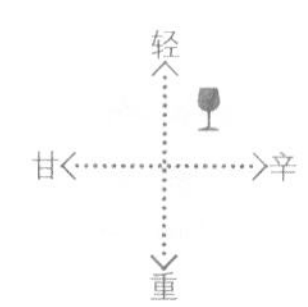

山葡萄红葡萄酒

使用山葡萄的独特葡萄酒

100%使用山葡萄的葡萄酒，魅力在于其他品种不可匹敌的狂野性。尽量控制未熟山葡萄的强酸感，味道十分醇厚。

- ◆色泽/红
- ◆品种/山葡萄
- ◆原产地/冈山
- ◆生产商/蒜山葡萄酒
- ◆价格范围/4000~4499日元

康尔早生玫瑰红葡萄酒

适合作为餐前酒

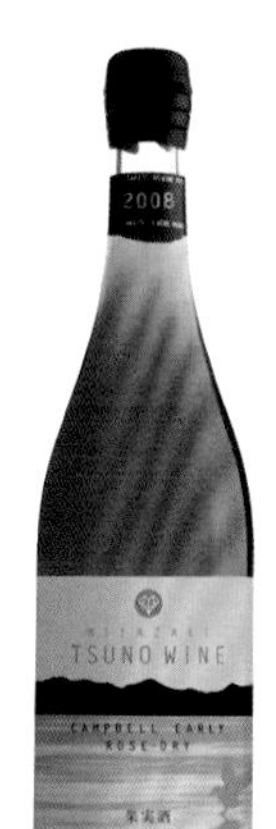

色泽为迸发般鲜粉，具有草莓般的甘甜香气和辛辣的味道。纯粹的口感与清新的酸气完美地融为一体。

- ◆色泽/玫瑰红
- ◆品种/康尔早生
- ◆原产地/宫崎
- ◆生产商/都农葡萄酒
- ◆价格范围/1000~2000日元

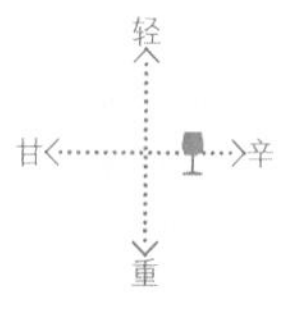

其他国家

在世界上还有一些葡萄酒生产国，接下来将介绍一下今后值得关注的国家、历史不为人知的国家等。

◆北美洲

上乘的冰酒很有名气

加拿大 Canada

加拿大的葡萄酒生产中心是安大略省。葡萄的产地有安大略省南部伊利湖的北岸，尼亚加拉大瀑布的知名尼亚加拉半岛等。尤其是尼亚加拉半岛，是加拿大最大的葡萄栽培地域，约占国内生产量的八成，西部的英属哥伦比亚也有数家酿造厂。

加拿大于20世纪中叶引入欧洲品种，开始生产优质葡萄酒。自20世纪80年代中叶开始利用冷冻葡萄生产冰酒。如今，提到加拿大葡萄酒，人们首先便会想到冰酒。

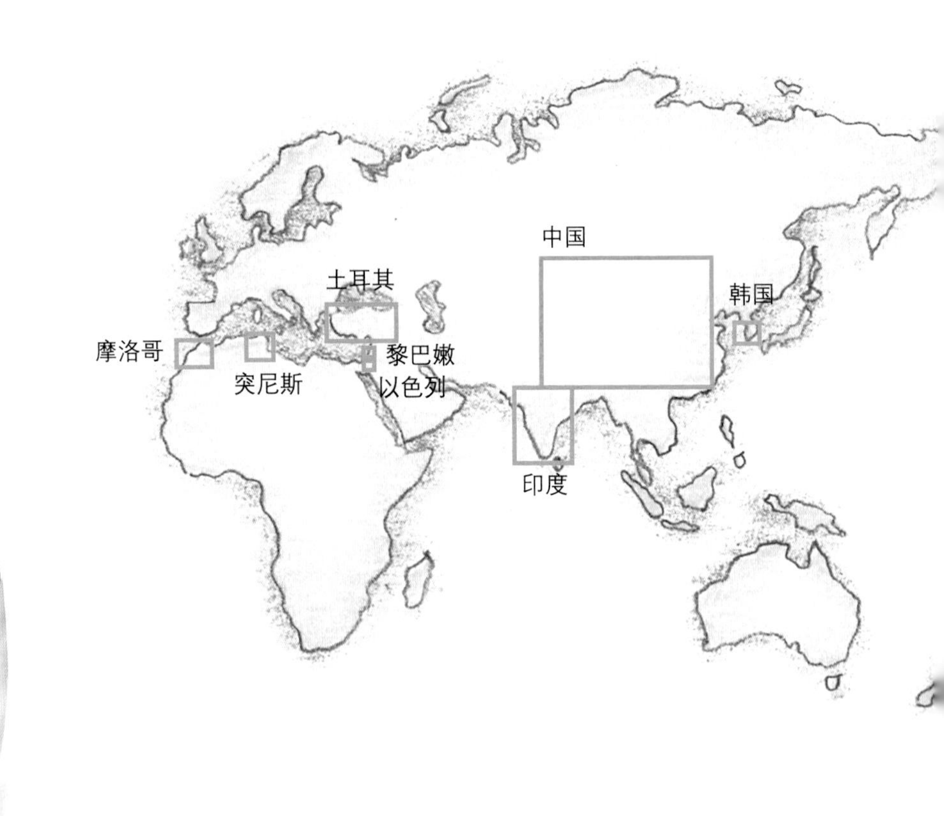

◆南美洲

美国大陆最古老的葡萄酒之地
墨西哥 Mexico

墨西哥的葡萄酒酿造开创于16世纪左右，历史悠久。据说美国大陆最初进行葡萄酒酿造的就是墨西哥。如今的主要产地有位于中央部海拔2000米左右高地的阿瓜斯卡达特斯、萨卡特卡斯周边、墨西哥城附近的克罗塔罗、巴贾加州半岛的丘陵地带等。

美国大陆最古老的酿造厂——马德罗公司是世界知名的酿造场所。如今，每个酿造厂都会邀请法国著名酿造师，力求设备的现代化，努力致力于品质的提高。

南部最适合酿造优良葡萄酒
巴西 Brazil

据说，巴西自16世纪便开始栽培葡萄，其中最南端的南大河州的气候得天独厚，酿造的葡萄酒品质极其上乘。

成长速度惊人的南美国家
秘鲁 Peru

近年来，秘鲁的葡萄酒产业发展惊人，他们请法国酿造师进行指导，并且不断地引进法国系品种的栽培和酿造设备、技术。主要产地有位于首都利马南部的伊卡省伊卡谷等。由于该地区冬天气温高，葡萄不进行休眠，一年可以收获两次。

◆中东

在寒冷地区进行高品种葡萄的栽培
以色列 Israel

据说，以色列在公元前数千年便开始了葡萄酒的酿造，但葡萄酒产业真正兴起还是在19世纪80年代，由法国的罗斯柴尔德打造的。

与地中海相对的参孙和占伦是葡萄的栽培中心，近年来，寒冷的戈兰高地和加利利高地等处也在栽培优质的葡萄。

小规模酿造厂在顽强奋斗

黎巴嫩 Lebanon

黎巴嫩葡萄酒产业的中心地是中部的贝卡谷。逃过内战一劫的老字号酿造商正在打造上乘的葡萄酒。

拥有许多本地品种

土耳其 Turkey

国民的一大半均是伊斯兰教徒，但还是进行着少量的葡萄酒酿造。其中，本土葡萄品种居多，白品种为薏丝琳、纳伦斯，黑品种为波兹凯利、卡勒西·卡瑞斯等。

◆非洲

北非头等葡萄酒出产国

摩洛哥 Morocco

北非首屈一指的优质葡萄酒生产国，红葡萄酒的产量较大。主要的产地有：大西洋岸的卡萨布兰卡及拉巴特、稍稍进入内陆地区的梅克内斯及非斯的周边。同时，还拥有国营酿造厂。

酿造的葡萄酒以玫瑰红为主

突尼斯 Tunisia

葡萄酒酿造地有与地中海相对的卡本半岛、特布巴、莫那哥等。以玫瑰红葡萄酒为主。

◆亚洲

世界知名酿造商开始崭露头角

印度 India

近年来，印度以经济迅速发展为依托，葡萄酒的需求量在不断提高，出现了苏拉酒庄等世界知名酿造商。同时在马哈拉施特拉邦高地等处也栽培了葡萄酒专用葡萄。

即将成为屈指可数的葡萄酒生产国

中国 China

中国的葡萄栽培面积已经跻身世界前10名，无论是葡萄酒产业，还是葡萄酒消费量都在飞速发展。以葡萄之城吐鲁番所在的新疆维吾尔自治区为中心，全国均有酿造商。知名的葡萄酒品牌有王朝、张裕、长城等。

中国葡萄酒的酿造开始于20世纪初期，源于山东半岛，之后生产地区不断地进行扩张。

近年来痴迷于葡萄酒的国家

韩国 Korea

漫画《神之水滴》在韩国大受欢迎，成为“韩国葡萄酒热”的契机。韩国的气候与日本一样，夏天潮湿，对葡萄的栽培不是十分有利，但人们仍以饱满的热情从事该工作。中央地区的忠清北道是著名的葡萄产地。

索 引

A

B

C

D

E

F

G

H

J

K

L

M

W

X

Y

Z

图书在版编目（CIP）数据

走进新世界葡萄酒 / 日本主妇之友社编著；王美玲译. —沈阳：辽宁科学技术出版社，2012.10
ISBN 978-7-5381-7565-3

Ⅰ.①走… Ⅱ.①日…②王… Ⅲ.①葡萄酒—介绍—世界 Ⅳ.①TS262.6

中国版本图书馆CIP数据核字（2012）第146182号

策划制作：北京书锦缘咨询有限公司（www.booklink.com.cn）
总 策 划：陈 庆
策 划：李 卫
设计制作：王 青

出版发行：辽宁科学技术出版社
(地址：沈阳市和平区十一纬路 29 号 邮编：110003)
印 刷 者：北京瑞禾彩色印刷有限公司
经 销 者：各地新华书店
幅面尺寸：170mm×240mm
印 张：11
字 数：99千字
出版时间：2012年10月第1版
印刷时间：2012年10月第1次印刷
责任编辑：朱悦玮 谨 严
责任校对：合 力

书 号：ISBN 978-7-5381-7565-3
定 价：42.00元

联系电话：024-23284376
邮购热线：024-23284502
E-mail: lnkjc@126.com
http: //www.lnkj.com.cn
本书网址：www.lnkj.cn/uri.sh/7565